E. T.

Krähen

Ein Portrait
von
Cord Riechelmann

NATURKUNDEN

NATURKUNDEN №1
herausgegeben von Judith Schalansky
bei Matthes & Seitz Berlin

Inhalt

Portraits

Einleitung

Jeder kennt sie, kaum einer mag sie. Krähen haben beinahe den ganzen Erdball besiedelt und dabei fast immer die Nähe von Menschen gesucht. Sie scheinen überall schon dagewesen zu sein, wo man gerade hinkommt. Ob morgens im Dunkeln am Nordkap, mittags in einem Wald in Neu-Kaledonien oder an einem gottverlassenen Ort in der öden Weite Alaskas: Irgendwann tauchen Krähen auf und tun bestimmt nicht so, als sei ihnen die Gegend genauso fremd wie den Menschen, die diese Winkel zum ersten Mal betreten. Entwicklungsgeschichtlich ist das kein Wunder. Als die ersten menschenaffenähnlichen Vorfahren der heutigen Menschen vor fünf bis sechs Millionen Jahren die dichten Urwälder Afrikas im aufrechten Gang verließen, um sich in den Buschsavannen und Grassteppen neue Lebensräume zu suchen, hatten die Krähen diesen Schritt schon hinter sich gebracht. Aus einer ursprünglich im tropischen Regenwald lebenden ›Urkrähe‹ hervorgegangen, haben sich die Krähenvögel in der Zeit vom späten Oligozän bis zum Miozän, also in der Spanne von vor achtundzwanzig bis sieben Millionen Jahren, in verschiedene Arten aufgespaltet und ihre Ausdehnung über die Erde begonnen. Der Evolutionsbiologe und Krähenfreund Josef H. Reichholf sieht in der Bewegung aus dem dichten Dschungel in offene Landschaften eine entwicklungsgeschichtliche Parallele zwischen Menschen und Krähenvögeln, die man beachten sollte, weil sie eine der Bedingungen der langen und komplizierten Beziehungen zwischen Krähen und Menschen ist. Man könnte formelhaft auch sagen: Die Kulturgeschichte der Menschen vollzieht sich unter der Beobachtung der Krähen. Und die Krähen folgen ihr, der Kultur, wenn sie sich etwas davon versprechen können.

Raben folgten den Wikingern, um sich an deren Schlachtabfällen satt zu essen. Die Wikinger mochten die Begleitung der Raben. Sie erklärten den Raben zu ihrem Schlachtvogel. Die Krieger der Wikinger, unter ihnen auch Wilhelm der Eroberer, trugen, wenn sie zu ihren Raubzügen aufbrachen, eine heilige Rabenfahne. Die vielen Menschen in den Nordländern aber, die von den Wikingern überfallen, gebrandschatzt und ermordet wurden, dachten über die schwarzen Vögel anders. Für sie waren die Raben direkt mit der Ankunft der Wikinger und so mit dem Tod verbunden, den die Wikinger brachten. Die tief ambivalente Beziehung, die Menschen zu den Krähenvögeln entwickelt haben, zu denen die Kolkraben zählen, die die Wikinger begleiteten, hat einen doppelten Grund: Sie folgt aus der Anpassungsfähigkeit der Krähen und der Geschichte der menschlichen Zivilisation. Das gilt auch für das Verhältnis der Vögel zum Tod. Natürlich haben Krähen, die sich auch von verendeten Lebewesen ernähren, eine Beziehung zum Tod. Und als die herausragenden Beobachter, die sie sind, haben sie wahrscheinlich auch eine vorausschauende Sicht auf Sterbende. Da sie in der Lage sind zu erkennen, wenn etwa ein Hirsch durch Krankheit oder Verletzung von der durch den Schnee ziehenden Herde abweicht, können und werden sie auch eigene Verhaltenswahrscheinlichkeitsrechnungen anstellen, dass der Tod bei einem sich nur noch humpelnd voranschleppenden Hirsch eintreten könnte. Insofern lügen die Mythen nicht,

Corvus Coronoides: *Neuhollandkrähe oder englisch* Australian Raven, *gezeichnet von John Gould, Darwins Berater in ornithologischen Fragen, um 1877.*

die die Vögel mit dem Tod oder Unfällen in Verbindung bringen. Schon auf der ersten erhaltenen Krähendarstellung, der rätselhaften Szene des Vogelmannes in der Höhle von Lascaux, die wahrscheinlich vor circa 17 000 Jahren entstand, ist das so. Die Szene zeigt einen liegenden Menschen mit Krähenkopf und erigiertem Penis, der wahrscheinlich von einem Wisent umgestoßen worden ist. Im Vordergrund sitzt ein Vogel, unter dem ein Strich nach unten weist. Das ist eine Verbindung, die sich in ungezählten Darstellungen bis heute durch die Kunstgeschichte zieht. Eines der letzten Bilder von Vincent van Gogh, das *Weizenfeld mit Raben* von 1890, auf dem über einem wogenden Kornfeld eine Schar Krähen fliegt, gehört genauso dazu wie der *Galgenvogel* des amerikanischen Künstlers Mark Dion. Dion hat für diese Arbeit, die 1999 als Edition für die Zeitschrift *Texte zur Kunst* entstand, eine Kunststoffkrähe aus dem professionellen Jagdbedarf mit Bitumen bestrichen. Jäger verwenden solche Plastikkrähen auch, um Vögel anzulocken, die sie dann abschießen können. Dions wunderbarer *Galgenvogel* spielt damit auch auf die forcierten Versuche in der Neuzeit an, Krähen in großer Zahl zu vernichten. Ein Anliegen, das im 20. Jahrhundert vor allem in den USA und in Europa seinen traurigen Höhepunkt fand, der auch meine ersten Eindrücke von Krähen beeinflusste. Aufgewachsen in den 60er- und 70er-Jahren in einem Jägerhaushalt in der niedersächsischen Provinz, gehörte Gewalt gegen Krähen zum Alltag. Krähen, Elstern und Eichelhäher, die alle zur Familie der Krähen- oder Rabenvögel (wissenschaftlich: *Corvidae*) gehören, zählten neben den Ratten zum ›Raubzeug‹. Und ›Raubzeug‹, das war auch der jagdgesetzliche Ausdruck für die Schädlinge schlechthin. ›Raubzeug‹ genoss im Unterschied zu ›Raubwild‹ wie Mardern und Füchsen nicht mal eine Schonzeit. Es gehörte zum Auftrag der Jäger, dem ›Raubzeug‹ nachzustellen, wo und wann sie seiner habhaft werden konnten. Und das taten sie denn auch mit widerlichen Methoden wie Massenfallen, dem sogenannten ›Krähenfang‹, und primitiven Gesten, zu denen auch das Schießen in die Nester der Krähen von unten während der Aufzuchtszeit zählte. In den USA wurde den Jägern empfohlen, während der Schonzeiten von Hirschen und Wachteln, um schießfit zu bleiben, Krähen abzuschießen. Beendet wurde dieser Spuk zumindest in seinen gröbsten Auswüchsen durch einen Coup 1979 im europäischen Parlament. Damals beschloss das Parlament in der Europäischen Vogelschutzrichtlinie, ausnahmslos alle Singvögel unter Schutz zu stellen. Damit waren auch die Krähenvögel, die zu den Singvögeln zählen, von einem Tag zum anderen geschützt. Von einem Coup muss man reden, weil traditionell in vielen Parlamenten der entwickelten westlichen Länder Jäger parteiübergreifend eine der größten Lobbys stellen, die den Schutz der Krähen bestimmt nicht im Sinn hatten. Sie mussten also entweder geschlafen oder in ihrer ›Raubzeug‹-Verblendung vergessen haben, dass Krähen Singvögel sind. Seitdem drängen die Jäger jedenfalls, in den Anfangsjahren angeführt vom CSU-Politiker und leidenschaftlichen Freizeitjäger Franz Josef Strauß, nach Sondergenehmigungen zum Abschuss von Krähen, die sie auch immer wieder erhalten, allerdings nicht mehr in den Schonzeiten. Mir selbst haben diese Jahre vor allem eine Entscheidung erleichtert: Wenn ich zwischen Krähen- und Jägerinteressen wählen muss, weiß ich auf welcher Seite der Verstand zu suchen ist.

Meine zweite intensive Beschäftigungsphase mit den Krähen hatte dann mit Jägern zum Glück auch nichts mehr zu tun. Während des Philosophie- und Biologiestudiums an der FU in West-Berlin Anfang der 80er-Jahre hatte es eine merkwürdige Verschiebung gegeben. Während in der Biologie die Konzepte, Methoden und Ergebnisse von Konrad Lorenz als überholt galten und nur noch als historisch interessant betrachtet wurden, tauchte der weltberühmte Gänsevater an avancierten Stellen in der Philosophie und Kunst wieder auf. In Gilles Deleuzes und Félix Guattaris *Tausend Plateaus*, 1980 in Frankreich erschienen, stellte Lorenz eine wichtige Referenz dar, der die beiden allerdings auch kritisch begegneten. In Lorenz' Beobachtungsbewegung, die immer auch auf eine Anverwandlung mit dem zu beobachtenden Tier hinauslief, auf ein buchstäbliches Tierwerden, stimmten die Philosophen allerdings vorbehaltlos zu. Ähnlich vorbehaltlos ließen 1984 Werner Büttner, Martin Kippenberger und Albert Oehlen in ihrem Katalog *Wahrheit ist Arbeit*, einem der wegweisenden Kunstbücher der 80er-Jahre, Lorenz mit seiner Gestalttheorie ausführlich zu Wort kommen. Mit Krähen hat das insofern zu tun, als Lorenz, der einer der Begründer der modernen Verhaltensforschung war, seine wissenschaftliche Karriere in den 20er- und 30er-Jahren mit Krähenvögeln, mit Dohlen und Kolkraben, begann. Lorenz war es dabei gelungen, so weit in eine freilebende Dohlenkolonie einzudringen, dass die Vögel ihn als einen der Ihren akzeptierten. Die Beobachtungen, die Lorenz dabei machte, haben bis heute nicht an Gültigkeit verloren, was allerdings für seine Interpretationen des Verhaltens nicht gilt. Der Anthropologe Gregory Bateson bezeichnete Lorenz deshalb als einen *»praktizieren-*

den Totemiker«. Lorenz beim Unterrichten zu beobachten, bedeute zu entdecken, schrieb Bateson, was die Höhlenmenschen von Aurignac taten, als sie diese lebendigen bewegten Rentiere und Mammuts an ihre Höhlenwände und -decken malten. Das heißt, in der Lorenzschen Methodik gab es immer noch einen vorwissenschaftlichen und vorgeschichtlichen Impuls. Und dass dieser Impuls bis heute auch in der Wissenschaft Respekt genießt, kann man an der Rabenstudie des amerikanischen Verhaltensforschers Bernd Heinrich nachvollziehen, die 1989 unter dem Titel *Ravens in Winter* in New York erschienen ist. Heinrich leitet darin seine Studie, die allen wissenschaftlichen Ansprüchen genügt, mit einem Überblick über die Mythengeschichte der Raben ein, einzelne Kapitel überschreibt er mit Zitaten aus Edgar Allan Poes Gedicht *The Raven*. Heinrichs Vorgehen läuft dabei aber nicht auf eine Vermischung mythischer und künstlerischer mit wissenschaftlichen Erkenntnissen hinaus, er verschweigt sie nur nicht und stellt sie nebeneinander. Heinrich lässt Mythen, Kunst und Wissenschaft in einen Dialog treten, den er nur zurückhaltend kommentiert. Seine naturwissenschaftlichen Passagen werden dadurch weder entwertet, noch ins Esoterische gezogen. Im Gegenteil: Sie werden genauer, wenn er erklärt, dass sich Kolkraben im Norden mit allen Lebewesen verbünden, die Großwild töten: mit Eisbären, Grizzlybären, Wölfen, Kojoten, Killerwalen, Schwertwalen und Menschen, und wenn er auf die Mythen verweist, die die Tatsache verarbeiten. Hinzu kommt, dass Erzählungen von Tieren, die die Natur- und Kulturgeschichte zusammen auftreten lassen, den Raum für Anekdoten öffnen, die die aktuelle Wissenschaft aus ihrem Repertoire gestrichen hat.

Mir war das als Student, der ich in Berlin Krähen ohne direktes wissenschaftliches Interesse beobachtete, egal. Ich mag Krähen, ich mag wie sie gehen, fliegen und sich anschreien. Ich höre auch ihr Krächzen gern und Lorenz' anekdotische Erzählungen waren mir dabei angenehme und hilfreiche Begleiter. Überraschend war am Anfang nur – und ist es bis heute –, dass man in Städten wie Berlin Krähen wesentlich näher kommt als überall auf dem Land. Auch wenn mir der Grund mittlerweile klar ist – Krähen ziehen immer noch zunehmend in die Städte, um der Verfolgung auf dem Land durch die Jäger und der industrialisierten Landwirtschaft auszuweichen –, behalten sie etwas Mysteriöses, was für mich einen Teil ihrer Schönheit ausmacht. Weil sie fast überall auf der Welt zu Haus sind, sind sie nirgendwo Exoten. Krähen bleiben mysteriös, ohne exotisch zu sein, was ein sehr seltenes Phänomen ist.

Die Krähen vom Kreuzberg

Es schienen wirklich Himmelsschreie zu sein. Es waren hastig, wie atemlos aufeinanderfolgende kurze hohe *»arr arr«*-Rufe, die in einem mehrstimmigen Chor über den Bäumen an der Kindertagesstätte am Victoria-Park in der Methfesselstraße im Berliner Stadtteil Kreuzberg erschallten. Da der Himmel wolkig verhangen war und man deshalb keine Vögel sehen konnte, hätte es sein können, dass die hektisch lauten Rufe von oben in den Wolken ziehenden Vögeln kamen. Dagegen sprachen allerdings die Jahreszeit, es war die letzte Maiwoche, und die Tatsache, dass sich die Schreie nicht ›bewegten‹. Sie blieben zwischen den Blättern der Bäume im Garten der Kita hängen.

Erst als man so nah heranging, dass man vom Zaun aus auf den Spielplatz der Kita blicken konnte, klärten sich Anlass und Urheber des Geschreis. Am Rand des Sandkastens auf dem Rasen stand ein Fuchs, blickte hektisch in alle Richtungen, musste sich manchmal ganz klein machen, buchstäblich ins Gras drücken. Der Grund dafür waren etwa ein Dutzend Nebelkrähen, die teils in den Bäumen sitzend, teils über dem Fuchs kreisend, ihre kurzen Schreie ausstießen, die alternierend bei manchen Vögeln in langanhaltende und langgezogene *»ärr ärr«*- und *»käär«*-Rufe übergingen. Dazwischen brachen immer wieder einzelne Krähen aus dem Kreis der Dutzend aus und setzten zu Sturzflügen auf den Fuchs an. Von hinten anfliegend oder nach kurzem Flugmanöver seitlich den Fuchs streifend, hackten sie ihm dabei auf Rücken und Kopf. Deshalb duckte er sich ständig ab ins Gras und deshalb schien er hektisch wachsam.

Bald wurde auch sichtbar, warum er zum Hassobjekt der Krähen geworden war: Im Sandkasten lag eine junge, gerade flügge gewordene Krähe, die der Fuchs erbeutet hatte. Im Laufe der fortgesetzten Attacken der schreienden und hackenden Krähen zog sich der Fuchs dann irgendwann zurück und verschwand in Richtung Kreuzbergstraße. Den toten Vogel im Sandkasten ließ er liegen. Die Krähen hatten es also geschafft, ihm seine Beute wieder abzujagen.

Füchse gehören neben Habichten zu den Hauptfeinden der Krähen. Dass sich die Vögel mit weit tönendem Alarmgeschrei und wiederkehrenden gemeinschaftlichen Attacken gegen ihre Feinde wehren, ist bekannt und häufig beschrieben worden. Neu an diesem alten Naturkonflikt ist, dass man ihn mittlerweile mitten in Kreuzberg vor der Haustür verfolgen kann. In drei aufeinanderfolgenden Jahren konnte man den Kampf der Krähen gegen ihre Feinde auch an Greifvögeln studieren.

Es begann mit einem Habichtpaar. Irgendwann im März hatte das Paar begonnen, im Park, nah eines asphaltierten Wegs, in der Kronenregion eines Laubbaumes ein Nest zu bauen. Die Habichte wurden währenddessen in unregelmäßigen Abständen von vier, fünf, manchmal auch sieben oder acht Krähen heftig bedrängt. Zuerst flogen die Krähen in die umliegenden Bäume und schrien die Greifvögel hektisch an. Manchmal versuchten dann auch einzelne Krähen auf dem Nest zu landen, was aber nie richtig gelang. Besonders das größere Habichtweibchen schaffte es immer, die Krähen vom Nest fernzuhalten. Verhindern konnte sie allerdings nicht, dass, wenn sie zu

Nebelkrähen auf Nahrungssuche, eine sichert, während die anderen im Boden stochern.

Dohlen greifen sich mit vorgestreckten Füßen und stark gesträubtem Gefieder an: Der Luftkampf wird vor allem mit den Füßen ausgetragen.

ihren Streifflügen startete, ihr zwei oder drei Krähen folgten und versuchten, sie in der Luft mit Schnabel oder Beinen zu attackieren.

Trotz der unregelmäßigen Attacken, die zunehmend von längeren Perioden über manchmal fünf Tage unterbrochen wurden, in denen sich die Krähen nicht um die Habichte zu kümmern schienen, verließen die Greifvögel ihr Nest nicht. Sie brüteten sogar über drei Wochen, blieben aber offensichtlich ohne Nachwuchs und verschwanden zum Sommeranfang aus dem Park. Ob es die Krähen waren, die ihnen die Eier oder die Küken geraubt hatten, ließ sich nicht entscheiden. Es ist bei Erstbruten von Habichten aber nicht selten, dass sie erfolglos bleiben, was in der Regel mit der fehlenden Erfahrung der jungen Paare zu tun hat. Aber wie auch immer, die Habichte jedenfalls kamen nicht wieder.

Im darauffolgenden Frühjahr wurde ihr Nest von einem Bussardpaar besetzt, das sich den gleichen Attacken ausgesetzt sah. Auch die Bussarde brüteten im ersten Jahr ohne Erfolg, blieben aber. Im nächsten Frühjahr bauten sie ein neues Nest ein paar Bäume weiter und zogen zum ersten Mal einen Jungvogel groß, den, nachdem er ausgeflogen war, das ganze Quartier kannte. Tagelang saß er auf Häuserdächern und rief unüberhörbar in die Gegend, wie es junge Bussarde häufig tun, wenn die Eltern aufgehört haben, sie zu füttern, und sie sich selbst Nahrung suchen müssen.

Im Zusammenhang mit den Krähen ist hier von Bedeutung, dass ihre Attacken nicht unbedingt dazu führen, dass Greifvögel Lebensräume der Krähen verlassen. Offensichtlich konnten sich die Bussarde behaupten und auch ihre Brut gegen die Krähenangriffe verteidigen. Für die Nebelkrähen im Park lässt sich hingegen nicht behaupten, dass sie sich gegen Angriffe anderer Krähen während der Brut- und Aufzuchtszeit gut verteidigen können. Das hängt mit ihren Sozialstrukturen zusammen. Ornithologen beschreiben sie als *»sehr komplex«*, und das sind sie auch. Eine Krähengruppe, die, wenn sie gegen Füchse oder Greifvögel vorgeht, wie eine gut koordinierte Gemeinschaft agiert und funktioniert, wird, wenn man sie innerartlich, unter Krähen, betrachtet, zu einem von widerstreitenden Interessen durchzogenen Gebilde. Die anfangs erwähnten zwölf Krähen vom Spielplatz der Kita formieren sich aus ganz unterschiedlichen sozialen Zusammenhängen. Es gibt unter ihnen Brüter und Nicht-Brüter. Brütende Nebelkrähenpaare bilden Territorien, deren Zentren die Nester sind. Wobei das Nest nur insofern als Zentrum zu verstehen ist, als sich die Paare dort am häufigsten aufhalten. Räumlich kann das Nest auch am Rand des Reviers liegen. Die Reviere oder

Territorien sind dabei keine starren Einheiten. Sie sind von unterschiedlicher Größe und können sich auch überschneiden. Im Agrarland schwanken die Reviergrößen zwischen vierzehn und fünfzig Hektar, in Städten können sie wesentlich kleiner sein. In einem Park von nur einem halben Hektar Größe fand man drei Brutpaare. Stadtnebelkrähen verteidigen in manchen Fällen nur einen Radius von fünfzig Metern um das Nest. Die Brutpaare sind das ganze Jahr über territorial, das heißt sie sind Standvögel und halten ihre Reviere besetzt. Allein bleiben sie aber trotzdem nicht. Sie leben in einer dauernden Wechselbeziehung zu den Gruppen oder Schwärmen der Nichtbrüter. Die längste Zeit des Jahres benutzen Brüter wie Nicht-Brüter einen gemeinsamen Schlafplatz. Das ändert sich nur während der Brut und Jungenaufzucht. Dann schlafen die Paare im Nest oder in der direkten Nähe. Wenn es aber, wie oben geschildert, darum geht, Feinde wie Füchse zu verjagen, kooperieren die beiden Gruppen miteinander, auch während die Jungen noch im Nest hocken. Das ist erstaunlich, weil die nichtbrütenden Krähen die schlimmsten Feinde des Nachwuchses sind. Der Bruterfolg der Krähen ist generell gering. In allen teilweise langjährigen Studien zeigt sich, dass sechzig bis siebzig Prozent der Jungkrähen die Aufzuchtsphase nicht überstehen und sterben. Die Hauptursache der Verluste sind überall Nestplünderungen durch nichtbrütende Artgenossen. Die Nicht-Brüter haben in dem Kampf um die jungen Krähen ein paar Vorteile, die sie offenbar auch nutzen. Sie müssen weder ein Revier verteidigen, noch müssen sie für die jungen Krähen Insekten fangen. Sie können den ganzen Tag suchend und beobachtend zwischen ihren Aufenthaltsgebieten auf

Ansprung eines Kolkraben zur Hüpfbalz, die Kopffedern sind dickköpfig aufgestellt.

Müllhalden, offenen Parkflächen oder touristischen Zentren wie dem Berliner Alexanderplatz hin- und herziehen und dabei auch die Reviere der Brutkrähen durchstreifen.

Kräheneltern dagegen müssen, wie fast alle Singvögel, ihre Jungen in den ersten Wochen mit Insekten füttern. Wie beschwerlich das für die Vögel ist, kann man im Frühjahr und Frühsommer in jedem Park beobachten. Krähen, die im Gras Schmetterlingen hinterherspringen, um nach ihnen zu schnappen, haben wenig von der Eleganz von Nachtigallen oder Amseln bei der Insektenjagd. Sie wirken nicht nur unbeholfen, sie sind es oft, und dementsprechend anstrengend und langwierig ist diese Form der Jagd. In der Zeit bleibt das Nest mit den Jungen manchmal unbewacht und wird zur leichten Beute nichtbrütender Krähen. Die Nicht-Brüter-Schwärme üben so ständigen Druck auf die Brutpaare aus, den Biologen als eine Form der Selbstregulation der Krähenbestände interpretieren. Die frei flottierenden Schwärme haben aber nicht nur negative Auswirkungen, sie bilden eine effektive Brutreserve. Wenn einer der Vögel eines Paares in der Brutphase stirbt, kann er sehr schnell aus dem Reservoir der Schwärme ersetzt werden.

Was in vielen Fällen auch geschieht, sodass es oft noch im selben Jahr zu einer Nachbrut des neu gebildeten Paares kommt. In der Regel sind es auch die umherziehenden Schwärme, die neue Lebensräume entdecken und besiedeln. Wenn dann ein Paar so einen neuen Ort als sein Revier etabliert hat, zieht es mit der Gründung auch gleich einen Schwarm als Konkurrenten um das Revier an. Besonders im Frühjahr kommt es dann zu größeren Krähenversammlungen, die auch in Städten trotz des Verkehrslärms nicht zu überhören sind. Revierkrähen sind dann vor allem lauten Krähattacken von Nicht-Brütern ausgesetzt, die sie aber in den meisten Fällen für sich entscheiden. Ein Territorium gibt auch bei Krähen ihren ›Besitzern‹ einen Verhaltensvorteil, der es ihnen möglich macht, auch zahlenmäßig überlegene Trupps aus ihrem Gebiet zu vertreiben. Stressig bleiben die Angriffe natürlich trotzdem, und man kann sich bei den hohen Verlusten während der Nestlingsphase schon fragen, wie es die Krähen überhaupt schaffen, ihren Bestand zu erhalten. In Städten wie Berlin, wo es nach Zahlen aus dem Jahr 2000 zwischen 4100 bis 4900 Reviere gibt, ist der Bestand der Nebelkrähen seit den 1970er-Jahren relativ konstant. Und die Konstanz ist eine Folge der geschilderten Verhältnisse. Um den Bestand zu erhalten, reicht es aus, wenn ein Brutpaar ein bis zwei junge Krähen pro Jahr großzieht. Bei im Schnitt drei bis vier Jungen im Nest können sich die Krähen die Verluste offenbar ›leisten‹. Oder anders gesagt: Die Populationen der Nebelkrähen regulieren sich selbst.

Das gilt auch für die westlichen Schwestern, die Rabenkrähen. Nebelkrähen, wissenschaftlich: *Corvus corone cornix*, und Rabenkrähen, *Corvus corone corone*, sind in Deutschland die häufigsten Krähenarten, dementsprechend prägen sie das Bild der Krähe. Mit Ausnahme einer Überlappungszone, die durch Schleswig-Holstein, Westmecklenburg und Sachsen-Anhalt führt, kommen beide Formen räumlich getrennt vor. Die ganz schwarzen Rabenkrähen im Westen, die grau-schwarzen Nebelkrähen im Osten. Weil sich beide Formen dort, wo sie zusammenkommen, paaren und auch die Mischpaare Junge großziehen, werden sie von vielen Zoologen als Unterarten einer Art, der Aaskrähe (*Corvus corone*), geführt. Während andere Autoren Raben- und Nebelkrähen als zwei vollständig verschiedene Arten betrachten. Daraus resultieren in der Literatur oft leicht abweichende Angaben zur Artenzahl der Krähenvögel. Da es für beide Betrachtungsweisen Argumente gibt, scheint es nur eine Frage der Entscheidung der Autoren zu sein, wie sie die beiden Formen zählen, ob als Unterarten oder als zwei verschiedene Arten. Es gibt aber besonders in den Lautäußerungen von Nebel- und Rabenkrähen Unterschiede, die eine bereits vollzogene Aufspaltung der westlichen und der östlichen Krähenpopulationen nahelegen, auf die im Anhang in den Artenportraits kurz eingegangen wird. Im Namen der schwarzen Rabenkrähen kommt noch eine andere Unsicherheit zum Ausdruck: nämlich die Schwierigkeit der Unterscheidung von Raben und Krähen. Eine Schwierigkeit, die darin ihre Ursache hat, dass die Worte Rabe und Krähe sowohl synonym benutzt werden, als auch als Unterscheidung. Wenn man sich an Ludwig Wittgensteins Definition hält, nach der die Bedeutung eines Wortes sein Gebrauch in der Sprache ist, dann gibt es gleichermaßen einen Unterschied zwischen Raben und Krähen, wie es auch keinen Unterschied gibt. Und das fängt bereits mit der wissenschaftlichen Einteilung an.

Die Namen der Krähen

Krähen und Raben werden wissenschaftlich in der Familie der *Corvidae* zusammengefasst. Deutsch kann man den Familiennamen mit Raben- wie Krähenvögel übersetzen, systematisch gibt es keinen Unterschied zwischen beiden Formen. Raben und Krähen sind in diesem Fall synonyme Bezeichnungen. Im Englischen werden die *Corvidae* im Populärnamen schlicht mit *Crows*, also Krähen bezeichnet. Die *Corvidae* sind eine Familie in der Ordnung der Sperlingsvögel (*Passeriformes*) in der Klasse der Vögel (*Aves*). Die Singvögel sind entwicklungsgeschichtlich die jüngste Gruppe der *Passeriformes*, zu ihr gehören Finken, Grasmücken, Würger, Paradiesvögel und Stare. Die Familie der *Corvidae* umfasst nach der aktuellsten Enzyklopädie der Vögel, dem *Handbook of the Birds of the World*, hundertdreiundzwanzig Arten in vierundzwanzig Gattungen. Dazu zählen mit Elstern, südamerikanischen Blauraben und Hähern in der Mehrzahl Arten, die in ihrem manchmal ausgesprochen farbenprächtigen Aussehen nichts von dem eintönig schwarzen Image der Krähen und Raben haben. Die eigentlichen Krähen bilden die Gattung *Corvus*. Zu der Gattung werden dreiundvierzig Arten gerechnet, unter ihnen auch die einheimischen Arten: Nebel-, Raben- und Saatkrähen sowie die Dohlen und der Kolkrabe. *Corvus* ist der lateinische Name für Rabe, und in die Gattung gehören mit den Dohlen (*Corvus monedula*) auch relativ kleine, grauschwarze Vögel. Man kann Dohlen zu den Raben, aber auch zu den Krähen zählen, ohne

Cyanocorax yucatanicus. *Yucatanblaurabe, vorne ein Erwachsener mit dunklem Schnabel, hinten ein Juveniler mit gelbem Schnabel.*

dass die Bezeichnungen falsch wären oder einen Unterschied ausmachten.

Die Namen Krähe und Rabe sind insofern ursprünglich, als sie sich lautmalerisch am Ruf der Vögel orientieren und nicht abgeleitet sind. Ihre Namen lassen sich sehr früh nachweisen und spielen meist mit den »*kräh*«- und »*kra*«-Rufen der Vögel. Das althochdeutsche *krawa* enthält Anspielungen auf den Ruf genauso wie die mittelhochdeutschen Varianten *kra*, *kraeje*, *kreie* oder *krowe*. Altslawisch hießen Krähen *kraja* und der englische Name *crow* leitet sich vom altenglischen *crawe* her. Der englische Name für den Raben, *raven*, geht auf das altnordische *hrafn* zurück. Etymologen leiten *hrafn* von dem Wort *khraben* aus dem prähistorischen Germanisch ab. *Khraben* ist eine ziemlich gute buchstäbliche Form des Kolkrabenrufes.

Das prähistorische *khraben* ist verwandt mit dem altirischen *cru*, dem Sanskritwort *karavas* und dem lateinischen *corvus*. *Corvus* wiederum findet sich als Wurzel im altschottischen *corbie* wie im französischen *corbeau*. *Corbeau* bezeichnet die Saatkrähe ebenso wie den Raben. Ähnlich stand das lateinische *Corvus* für die Rabenkrähe und den Kolkraben. Man kann es drehen, wie man will, wissenschaftlich-systematisch oder populär, eine sichere Unterscheidung zwischen Krähen und Raben, die jede Verwechslung oder Überschneidung der Bedeutungen ausschließt, lässt sich sprachlich nicht herstellen.

In der Umgangssprache wird Rabe allerdings manchmal als Bezeichnung für besonders große schwarze Vögel verwandt. Krähen sind dann die etwas kleineren schwarzen Vögel. Sinnvoll ist diese Annahme, wenn damit Kolkraben gemeint sind. Kolkraben (*Corvus corax*) sind mit einer Länge von sechzig bis siebzig Zentimetern die größten Vögel unter den *Corviden* und damit die größten Singvögel überhaupt. Sie haben ökologisch wie geographisch ein immenses Verbreitungsgebiet. Sie kommen auf dem arktischen Treibeis, in eisigen Tundren und in gemäßigten Mischwäldern ebenso vor wie in heißen Wüsten und geschäftigen Städten. Geographisch besiedeln sie von Regionen oberhalb des Polarkreises im Norden bis in die Gebirge Mittelamerikas im Süden fast den gesamten nordamerikanischen Kontinent. In Europa kommen sie von Nordnorwegen bis in den Maghreb vor. Kolkraben sind in ihrem riesigen Verbreitungsgebiet, das ursprünglich wahrscheinlich fast ganz Europa, Asien und Nordamerika umfasste, allerdings nicht häufig. Ihre Bestandszahlen sind überall niedrig. In vielen Gebieten Nordamerikas und Europas fehlen sie heute oder sind im Bestand bedroht, was eine Folge ihrer jahrhundertelangen Verfolgung ist.

Kolkrabe

An einem Wintermorgen am Nordkap bleiben die meisten Besucher in der auf vier Etagen zum Erlebniscenter ausgebauten Nordkaphalle. Draußen ist es dunkel, kalt und windig. Auf dem Boden ist das Eis spiegelglatt gefroren. Es lohnt sich aber trotzdem, zu der Erdkugelskulptur am Rand der Kapklippe zu rutschen. Denn die beiden schwarzen kräftigen Kolkraben können viel erzählen. Als die Busse morgens ankamen, saßen sie auf dem Dach über dem Eingang und waren still. Später flogen sie aufs Klippengeländer und redeten leise in den Wind. Wie man sich in Norwegen erzählt, sollen sie Verbindung zu den Toten halten können und bei entsprechender Behandlung ihre Botendienste gern anbieten. In diesem Fall waren es zwei Scheiben trockenes Toastbrot, die sie zum Sprechen brachten. Nicht zu viel Einsatz für den Botendienst.

Weder die Beobachtung der beiden Raben in der baumlosen Unwirtlichkeit Nordnorwegens, noch der norwegische Mythos sind ein Einzelfall. Der große amerikanische Biologe George Schaller drückt es so aus: *»Wo immer du gehst, zeigen sich früher oder später Krähen und von allen Krähen mag ich den Kolkraben am liebsten. Du bist in Alaska, am Ende der Welt, nirgendwo ein Zeichen von Leben – und auf einmal ist da der Rabe.«* Ähnliche Geschichten erzählen auch die ersten britischen Himalaya-Pioniere. Noch in der Höhe von siebentausend Metern, wo sonst wirklich nichts mehr gedeiht, seien plötzlich Raben aufgetaucht, so als wollten sie die Bergsteiger begleiten. Dass in solchen Gegenden und Situationen auch andere Empfindungen auftreten können als Schallers Liebeserklärung, ist angesichts der tiefschwarzen großen Vögel nur natürlich. Und dass den Raben dabei ihre vermutete Nähe zu den Toten nicht immer zum Vorteil ausgelegt wurde, davon kann man ausgehen.

In Nordamerika wurde den Raben nach der Besiedelung des Landes durch die weißen Europäer auch eine sehr alte Verbindung zum Verhängnis. Raben haben in vielen Teilen der USA – wie in New Hampshire – ein fast symbiotisches Verhältnis zu Kojoten entwickelt. Im Sommer, wenn das Gras hochsteht, sieht man Raben häufig an erhobenen Stellen in Bäumen am Rand von Lichtungen sitzen. Die Raben versuchen in dem Gelände Insekten oder anderes Getier aufzustöbern. Kojoten können das wesentlich besser und wenn die Hundeverwandten dort unten das Getier aufscheuchen, hilft es auch den Raben. Im Winter kehren sich die Verhältnisse um. Im Schnee kommen Kojoten nur schlecht voran und vor allem fehlt ihnen die Übersicht. Raben werden dann zu ihren Wegweisern zur Nahrung. Und wer davon weiß, wie das weiße Amerika den von den Indianern als Gottheit verehrten Kojoten zum Schandtier umgedeutet hat, der braucht nicht viel Phantasie, um sich ähnliches für den Raben auszumalen.

Man muss aber nicht nach Amerika, ans Nordkap oder in die Himalaya-Region reisen, um etwas über den Raben und die ihn umrankenden Geschichten zu erfahren.

Frühmorgens kann man zum Beispiel im Sommer in Berlin im Tegeler Forst und im Grunewald die Flugspiele der dort ansässigen Kolkraben und ihrer Jungvögel beobachten. Da Kolkraben nicht wie Greifvögel auf Thermik angewiesen sind,

Amerikanerkrähen, eine rufend vorne, erwarten einen Schwarm im Winter im Anflug auf den Schlafbaum.

können sie schon beim Sonnenaufgang mit ihren Flügen beginnen. Böenartige Winde und Turbulenzen nutzen sie gern zu ausgedehntem sozialen Kreisen. Während dieser Segelflüge kann man sie noch mit Mäusebussarden verwechseln. Einmalig werden sie aber, wenn sie mit ihrer aufeinander bezogenen Luftakrobatik beginnen. Sie ist genauso kennzeichnend wie ihre Flügelschlaggeräusche, deren durch die Baumkronen nach unten dringendes schwingendes *»wuch wuch wuch«* sie verrät. Normalerweise kann man bei diesen Beobachtungen, wenn man sich still verhält, auch immer die *»rüh-rüh«*-Standortlaute der Jungen hören. Wenn die Jungen fünfundvierzig Tage nach dem Schlupf das Nest aus eigenem Antrieb verlassen, sitzen sie erstmal nur verstreut in den benachbarten Ästen. Mit den Rufen zeigen sie den Eltern ihren Aufenthaltsort an und geben vielleicht auch einen Hinweis darauf, dass sie sich reif genug fühlen, mit dem Fliegen zu beginnen. Dabei werden sie anfänglich von den Eltern stets begleitet. Erst wenn sie Flug- und Landesicherheit erlangt haben, suchen junge Raben allein am Boden nach Nahrung. Sie bleiben aber noch bestimmt sechs Monate mit den Altvögeln zusammen. Jungraben sind zwar allgemein ruffreudig, wissen die Rufe aber nicht funktionell ›vernünftig‹ einzusetzen. Das müssen sie von den Alten abschauen. Wenn die im Gefieder im Unterschied zu den metallisch glänzenden Alten schlicht matten Jungvögel die Familie verlassen, werden sie gelernt haben, in Berlin auf Wanderfalken zu achten. Erfahrung mit Jägern werden sie keine haben. Was den Raben in Brandenburg schon bald zum Verhängnis werden kann. Haben sich die Vögel aus der Fastvernichtung unter anderem in Berlin erholt, kann man es dort kaum erwarten, sie wieder zu verfolgen. Die Verfolgung der Raben durch Jäger ist allerdings nicht nur auf Brandenburg und die USA beschränkt. Man unterstellt ihnen überall, wo sie vorkommen, dass sie sich an Tieren vergreifen, die dem Menschen als Nahrung lieb sind. Seien es junge Feldhasen, die sie gelegentlich in Europa tatsächlich erbeuten, oder in Farmen gehaltene Zuchtenten, die sie angeblich überfallen und töten.

Gegen diese – wie immer auch irgendwie zutreffenden – Vorurteile kann man nur Sympathie setzen, und die kann auch über die Beobachtung der Kolkraben im Zoo hervorgerufen werden. Es hat ja schließlich nicht jeder die Möglichkeit wie George Schaller oder auch der Verhaltensforscher Konrad Lorenz, mit handaufgezogenen Raben zu leben und ihre soziale und praktische Intelligenz schätzen zu lernen.

Im Zoo mit der Zuwendung zum Raben zu beginnen, hat auch den Vorteil, zum teilnehmenden Beobachter werden zu können. Die Raben übersehen nichts und wenden sich manchmal dem Besucher zu, so auch in der folgenden Begegnung.

Man kann den Gang des Kolkraben im Berliner Zoo nur als gemessen bezeichnen. Mit dem mächtigen kräftig-klobigen Schnabel und dem stark gebogenen First voran, schreitet der Kolkrabe auf das Gitter seines Käfigs zu und richtet sich kurz auf. Schüttelt sich, als wolle er Läuse aus dem Gefieder jagen. Greift mit dem Schnabel einen kleinen Stein und wirft ihn in Richtung des Besuchers. Den Kopf etwas schief gelegt, scheint er die Wirkung seines Wurfs genau analysieren zu wollen. Als nichts passiert, bläst er seine Kopf- und Kehlfedern auf, rückt kurz geduckt zur Seite und geht zu seinem Partner, der die ganze Zeit über gar nichts tat. Das dickköpfige Imponieren

der Kolkraben kann ein Teil der Paarungszeremonie sein und einen Tanz einleiten, in dessen Verlauf das Männchen zuerst mit nur einem Flügel fächernd das Weibchen umkreist. Dann breitet es beide Flügel aus und wird schneller, bis sich das Weibchen ihm anschließt. Und beide rennen nebeneinander davon. Die Balzzeremonien der Kolkraben folgen keiner starren Choreographie und sind nicht immer eindeutig von dem zu unterscheiden, was sie am liebsten tun, nämlich spielen. Und wenn sie niemanden finden, der mit ihnen in der Luft fangen spielt, bedienen sie sich der verschiedensten Gegenstände. Steinewerfen gehört zu ihren Lieblingsbeschäftigungen und ist nicht immer harmlos. In Gebirgsgegenden lösen sie gern kleine Steinlawinen aus und hüpfen dann entweder mit sicherem Abstand dem Geröll hinterher oder freuen sich nur am Anblick. Auf Mülldeponien können sie sich stundenlang mit glänzenden Gegenständen beschäftigen, die sie in die Luft werfen und wieder auffangen. Aus solchen Beschäftigungen resultieren nicht selten Fähigkeiten, die den Nahrungserwerb erleichtern. In Kanada muss irgendwann einem Raben aufgefallen sein, dass Autos an Ampeln halten. Eine ganze Population nutzt das mittlerweile, indem sie in der Rotphase der Ampel Nüsse auf die Straße wirft und dann, wenn die Autos darübergefahren und wieder weg sind, den Inhalt aufpickt. Wie genau die Weitergabe solcher Fähigkeiten erfolgt, ist nicht geklärt. Einige Indizien deuten aber darauf hin, dass es nicht nur durch Nachahmung geschieht.

Gelegenheiten, sich auszutauschen, ergeben sich jedenfalls im Leben der Raben immer wieder. Verpaarte Kolkraben sind zwar territorial und vertreiben andere Vögel besonders aus der Nähe ihres Nestes. Die Vögel bilden allerdings Schlafgemeinschaften. An hellen Tagen treffen sie bereits am frühen Nachmittag an den Schlafplätzen ein. Auch dort dominiert ein scheinbar nutzloses Spiel die Tätigkeiten. Kolkraben sind die einzigen Raben, die in Rückenlage fliegen können. Bei den Flugspielen drehen sie sich in alle Richtungen, greifen die Füße der anderen und verfolgen sich in wildem Auf und Ab. Für die Jungvögel sind die Schlafplätze der Ort der Partnersuche. Dass sie auch eine Art Informationsbörse sind, ist relativ wahrscheinlich. Denn Kolkraben fliegen zu größeren ertragreichen Nahrungsquellen zunächst meist allein. Dass sie dort, nachdem ein einzelner Rabe sie entdeckt hat, am nächsten Tag als Trupp auftauchen, spricht für eine ›Erzählung‹ vom Ort des Futters. Das Weitergeben der Informationen über ihre Nahrungsquellen bei den Kolkraben ist nicht nur uneigennützig. Jüngere Tiere steigen durch das Anzeigen von Kadavern im Ansehen und werden von den ›Alten‹ nicht mehr mit dickem Kopf zurechtgewiesen. Erfahrene Weibchen, deren Partner verstorben ist, werden sie bevorzugt zum Nachfolger wählen.

Im Zoo hat unterdessen das Weibchen begonnen, dem Steinewerfer den Kopf zu kraulen. Und der dankt es ihr mit ganz leise winselnden *»gro-wrü-gri«*-Gesängen. Schmeichlerisch in ihr Ohr gesungen.

Saatkrähen

Auf der Fahrt vom Flughafen in die Stadt war Igor Alexandrowitsch skeptisch. Die Landwirtschaft liege seit zehn Jahren *»brach«*, sagte er auf Deutsch, und das bedeute nichts Gutes für die Gratschi. Gratschi ist der russische Name für Saatkrähen. Die in der russischen Ebene im Dreieck Petersburg, Moskau und Wologda lebenden Saatkrähen sind klassische Zugvögel. Zehntausende von ihnen überwintern jedes Jahr in Berlin. Wo sie sich abends, aus allen Stadtteilen eintreffend, besonders im Tiergarten, am Hauptbahnhof und am Alexanderplatz zu riesigen Schwärmen zusammenschließen, bevor sie ihre Schlafbäume besetzen. Günstige Winterquartiere wie Berlin fliegen sie jedes Jahr wieder an, und genauso halten sie es mit ihren Brutplätzen. Werden sie dort nicht gestört, brüten sie über Jahrzehnte in denselben Bäumen.

Das Hotel D'Angleterre liegt günstig. Direkt neben dem Astoria und heute zu ihm gehörend, nur ein paar Schritte vom Garten der Admiralität entfernt. Noch in den 50er-Jahren nisteten dort Saatkrähen.

Der Weg in den Park führte an der Isaakskathedrale vorbei. Abends der Treffpunkt junger Gehörloser, die sich bewegt über zwei an der Kreuzung ineinandergeraste schwarz-verdunkelte Mercedes-Limousinen amüsierten. Die von leichtem Wind angewehte milde Abendluft hatte halb Petersburg auf die Straßen getrieben. Rauchend, mit Halbliter-Bierflaschen in der Hand, schlenderten sie in Gruppen oder als Paare unter den Bäumen hin und her. Vor dem Reiterdenkmal Peters des Großen spielten junge Matrosen in ihren Uniformen Fußball. Von den Bierbuden am Admiralskai drangen Madonna, Scooter und Schwedentechno zu den Passanten herüber. Plötzlich wurde alles von donnerndem Krachen übertönt. Da kamen Eisbrocken aus dem Ladogasee her, die jetzt die Newa heruntertrieben und an den Brückenpfeilern zerschellten. Es wurde immer später, aber nicht dunkler. Einige Sekunden vorher noch aufrecht Gehende fielen einfach um und sanken ins Gras. Das schien normal zu sein, denn niemand kümmerte sich darum. Waren Freunde dabei, setzten sie sich daneben und tranken ruhig weiter. Es war der Beginn der ›weißen Nächte‹. Auf deren Höhepunkt das Newaufer vierundzwanzig Stunden bevölkert sein soll. ›Weiß‹ beschreibt die Farbe des Himmels aber nicht treffend. Hellstes Grau, bläulich grundiert mit unbeschreiblich glänzenden Schlieren dazwischen, trifft es schon eher.

Nur war bei diesem Licht absolut nicht zu übersehen, dass sich hier keine einzige Saatkrähe aufhielt. Und auch die freundliche Frau an der Hotelrezeption blickte etwas befremdet, auf die Frage, ob sie in diesem Jahr schon Krähen gesehen hätte. Bis das Wort *»Gratsch«* fiel. *»Aah, die Gratschi«*, sang sie fast, das letzte Wort italienisch gedehnt betonend. *»Ja sagen Sie das doch gleich!«* Aber gesehen hätte sie in diesem Jahr auch noch keine, die Gratschi hätten die Stadt schon vor Jahren verlassen. Verehrt werden die Vögel in dieser Gegend, weil die ersten Zugvögel, die zurückkommen, als Boten gelten, die das Ende des langen, finsteren und erbärmlich kalten Winters ankündigen. Man muss allerdings explizit nach ihnen fragen, denn die gewöhnlichen schwarz-grauen Nebelkrähen, von denen einige auch im Winter in der Stadt bleiben, interessieren niemanden.

Am nächsten Morgen gab es etwas Aufregung. Die Rezeption rief an. Ein Mann würde dort warten. Das Sicherheitspersonal hatte Igor Alexandrowitsch nicht ins Hotel gelassen. Wahrscheinlich würde der Tag nie kommen, an dem ein gewöhnlicher Russe das Astoria einfach betreten könne, meinte er säuerlich. Die Bolschewiki hatten das Astoria sofort nach der Revolution wieder hergerichtet. Es diente den Parteioberen als komfortable Wohnung mit Zimmerservice, den die ›Genossen Kellner‹ besorgten. Doch während die Wachen, die Grischka Sinowjew und Leo Trotzki vor der Öffentlichkeit schützten, damals schwarze Lederjacken trugen, sind sie heute in schmal geschnittene, graue Anzüge gekleidet.

Igor Alexandrowitschs Wohnmobil war vollgestellt mit einem Kühlschrank, Milch- und Wasserflaschen. Das sei nötig. Im Leningrader Gebiet, so groß wie Irland, könne man nie wissen, was passiere.

Wir fuhren Richtung Westen auf der Straße nach Tallin aus der Stadt. Aber nicht an der Küste entlang, sondern über die Dörfer. Kurz vor Krasnoje Selo saß eine Krähe abseits auf einem Wellblechverschlag. Als sie losflog, war klar: Da flog die erste Gratsch. Der im Verhältnis zu anderen Rabenvögeln schnellere Flügelschlag und der helle auch im Flug gut erkennbare Schnabelgrund machten die Bestimmung eindeutig. Aber wohin war sie verschwunden? Die Backsteinbauten von Krasnoje Selo schimmerten in der Mittagssonne orange-rot. Pferde- und Ochsenkutschen verzögerten zum Glück die Durchfahrt. Am Ortsausgang links von der Straße in den Pappeln hingen

Saatkrähen, vorne eine ausgewachsene mit haarlosem, hellem Schnabelgrund, hinten eine heranwachsende mit noch behaartem, dunklem Schnabel.

die ersten Nester. In einem Baum fünf auf engstem Raum in die Astgabeln gebaut. Insgesamt dreiunddreißig Paare brüteten hier vor der Inter-Lada Vertretung des roten Dorfes. Obwohl sie eigentlich an Menschen gewöhnt sein müssten, flogen sie von den Nestern hoch und krähten durcheinander, als wir uns von unten näherten. Die Gewölle unter den Nestern enthielten neben kleinsten Knochen auch Gummistückchen. Aus irgendeinem Grund fressen Saatkrähen immer wieder Gummi. Vor Inter-Lada, das auch als Schrottplatz diente, wohnten sie da richtig. Trotzdem mussten wir weiter suchen. Die ganzjährig geselligen Krähen haben zwar eine Mindestgröße von zwanzig Nestern, ab der ihre Kolonien überhaupt erst beginnen, die Kleineren sind aber weniger stabil.

Fünf Kilometer hinter Krasnoje, als bedingte das eine das andere, gab es die ersten Anzeichen von Saatbetrieb. Vier Männer in Gummistiefeln und kurzen Hosen gruben mit Spaten einen fußballfeldgroßen Acker um. Das ist etwa die Größe der Fläche, die seit den 70er-Jahren privat bewirtschaftet werden darf. An den Ufern der neben der Straße fließenden Bäche tranken Krähen und Möwen. Kiebitze bewachten ihre Küken, aus der Luft rufend. Ein weiteres Feld lag links zwischen den Wiesen. Es wurde mit einem Holzpflug bearbeitet, den zwei Jungen zogen und ein älterer Mann lenkte. Vorbei an einem Birkenwald mit einer anderen kleinen Krähenkolonie tauchten auf einmal rechts und links kleine Fischteiche auf. Die Vierecke grenzten an einen Eichenwald. Der optimale Biotop für Saatkrähen. Feuchtwiesen, leicht fließendes Wasser, weit einsehbare Flächen und lichte Bäume mit vielen starken Astgabeln. Die in den Eichen siedelnde Kolonie mit mehr als zweihundert Nestern, über denen ständig einige Vögel kreisten, andere an- und abflogen und immer mindestens einer am Nest saß, bot denn auch eher das Bild einer ständigen Vertretung. Die Nester waren breiter und dicker als in Krasnoje, der Geräuschpegel lauter und sinfonischer. Das Erste, was die Krähen tun, wenn sie im März zurückkommen, ist, ihre alten Nester aufzusuchen, zu flicken und auszubessern. Die dafür nötigen Zweige brechen sie entweder selber ab oder stehlen sie aus anderen Nestern. Passt ein Nestbauer nicht auf, kann es vorkommen, dass er sein Nest bis zu vier Mal neu bauen muss. Die permanente Kommunikation in den Kolonien hängt auch damit zusammen, dass sie sich ständig irgendetwas – Futter, Nistmaterial, Lebenspartner – streitig machen. Allerdings ohne sich direkt anzugreifen, meist nur, indem sie eine Unachtsamkeit ausnutzen. Und je zahlreicher sie sind, desto stabiler sind ihre Beziehungen. Unter den Eichen mussten wir dann auch etwas lauter die weitere Route besprechen.

Fahren Sie nach Peterhof, hatten die Russlandspezialisten der Humboldtuniversität gesagt. Und Igor Alexandrowitsch erzählte stolz zu jeder der Fontänen die Geschichte seiner Entstehung. Hier kamen zum ersten Mal die Deutschen ins Spiel. Die hatten von 1941 bis 1944 Peterhof ebenso wie die beiden anderen Zarenschlösser um Petersburg – Gatchina und Zarskoje Selo – besetzt und in den Parks gewütet. Ob sie damit auch die Krähen vertrieben, weiß man nicht.

Jedenfalls gab es in Peterhof keine mehr. Womit auch die Behauptung widerlegt werden kann, Rabenvögel hätten eine Vorliebe für glänzende Edelmetalle. An so viel blendendem Gold wie auf den Skulpturen von Peterhof würden sie bestimmt nicht vorbeifliegen.

Auf der Autobahn Richtung Kiew stoppte uns eine Polizeikontrolle. Ein schlecht gelaunter strenger Polizist sprach Befehle durch die Fensterscheibe. Igor Alexandrowitsch reichte ein Papier heraus. Nach Einsicht und wortloser Rückgabe ließ er uns, noch schlechter gelaunt, weiterfahren. Mit ihm hätten sie wegen dieses Papiers nie Freude, meinte Igor Alexandrowitsch lächelnd. Das Papier wies ihn, den vor einem Jahr pensionierten Lehrer der Eisenbahnhochschule, als Blockadnik aus. Als Überlebenden der grausamen neunhundert Tage, in denen die deutsche Wehrmacht Leningrad eingekesselt und von allen Lebensmittelzufuhren abgeschnitten hatte. Seitdem wisse er, wie Kleister mit morschem Holz gekocht schmecke und dass man Puschkin essen könne. Das Ansehen der Veteranen aus dieser Zeit verbietet es bis heute selbst Polizisten, die sich nicht selten durch ihre kassierten Strafgelder finanzieren, sie zu behelligen. Trotzdem war Igor Alexandrowitsch abends im Auto nervös. Nach dem Essen – getrockneter Fisch, Brot, rohe Zwiebeln, Butter und Bier – wurde ein Wachplan für die Nacht aufgestellt.

Am nächsten Morgen – beide hatten tief durchgeschlafen – erzählte Igor Alexandrowitsch von Lyssenko. Der große Biologe und Agronom Trofim Lyssenko habe ihm, Igor Alexandrowitsch, in der Schule versprochen, in ein paar Jahren hier Ananas zu ernten. Seitdem habe er seine Probleme mit der Biologie. Dazu bekreuzigte er sich. Amen. Wir mussten weiter.

Die stark befahrene sogenannte Autobahn wirkte, um wach zu werden, besser als starker Kaffee. In unregelmäßigen Abständen schlingerte der gegenläufige Verkehr zur Seite aus, ohne Tempominderung mit der einen Reifenseite den abschüssigen Graben nehmend – Lkw wie Auto –, und balancierte sich dann wieder in die Gerade ein. War man so dumm, sich umzudrehen, kam der Schrecken. In der Mitte der Straße klaffte offen ein grabgroßes Loch. Wer hier fuhr, benötigte eine mentale Landkarte, die der der Krähen gleichkam. Zwischen den beidseitig der Straße stehenden vierreihigen Pappelsäumen erstreckten sich horizontweite einförmige baum- und strauchlose Flächen. Rechts zogen hypermoderne Traktoren mit scheinbar drei Meter hohen Reifen ihre Furchen, links mähten kryptische Maschinen Gras. Die Flächen wurden nur ab und an durch einige Apfelbäume unterbrochen. Und plötzlich schwenkten über der Straße schwarze Punkte durcheinander. Die Wolke zog einmal amöboid mehr zur einen Seite, nach oben, unten und zur anderen. Es mussten mehrere tausend Krähen sein, die hier lebten. Auf beiden Straßenseiten sprenkelten sie die Bäume mit ihren Nestern dunkel und beschatteten durch ihren Flug die Straße. Eine Kolonie mit mehr als tausend Nestern, der Größe, in der sie in jeder Beziehung ihre optimale Aktivität entfalten können. In der sie Untergruppen bilden können mit ihren Nestnachbarn, die ihnen soziale Beziehungen in vielen Abstufungen erlauben. Von vertraut bis bekannt oder flüchtig. Obwohl Saatkrähen alles Mögliche fressen, stand diese Kolonie offensichtlich in Zusammenhang mit der landwirtschaftlichen Tätigkeit der Kolchose. Da niemand bisher Auskunft geben konnte, ob sie bejagt werden, wollten wir das im nächsten Ort erfragen. Der war drei Kilometer entfernt und hieß Nikolskoje. Nein, hieß es, Jäger gebe es hier keine und die Kolchose ließe sie in Ruhe. Außerdem sei es die einzige Kolonie in der Gegend. Da Igor Alexandrowitsch drängelte, fuhren wir weiter. Er wollte unbedingt nach Yashera, einem kleinen Ort, in dem die nördlichsten Störche der Welt brüten, die vor zwei Tagen eingetroffen seien.

Die Landschaft wurde hügeliger, und aufsteigender Nebel deutete auf kommende Moore. Auf einer Brücke in der Sohle zweier Hügel hielt er. Das habe er vergessen, hier stehe das Haus der Nabokowi, das müssten wir uns ansehen. Der Fluss unter der Brücke war die Oredesh, und der Ort hieß Roshdestweno. Vor einem stand, in Baugerüste gehüllt auf einer Anhöhe, jenes Haus, das Vladimir Nabokov auch ohne Revolution und ohne Lolita reich gemacht hätte. Und gegenüber ragten die zwei dunkelblauen Türme der Kirche zwischen den Linden hervor, neben der das Mausoleum der Familie seiner Mutter steht. Die *»staubige Straße zum Dorf«* und *»bemooste, schielende Hütten in wackliger Reihe«* hatten irgendwie in Nabokovs Erinnerung überlebt. Es war so dunkel geworden, dass man den Boden vor den Füßen schon nicht mehr sehen konnte. Weiterfahren war nicht möglich, und dass die Krähen die Sumpfgegenden südlich von Nikolskoje mieden, war deutlich geworden. Nabokov hatte so den Ausflug zu den Störchen verhindert. Aber die Krähen von Nikolskoje kann man jedes Jahr in Berlin wiedertreffen.

Elster, sich putzend, von einem englischen Maler um 1776 gesehen.

Elstern

Die geschätzte Redakteurin hatte sich hinter ihrem Flachbildschirm von ihrem Schreibtischstuhl erhoben, einen Schritt zur Seite gemacht und skandierte: *»Über Elstern lasse ich mir gar nichts mehr erzählen. Selbst von Ihnen nicht. Ich habe in meinem Hof gesehen, was die tun!«* Die nickende Bewegung des Kopfes, die mit den letzten Worten einherging, manifestierte das aus der Beobachtung gewonnene Kausalitätsverhältnis zum Gesetz.

Was sie gesehen hatte, haben viele schon beobachtet, wahrscheinlich sogar Schlimmeres. Elstern stillen manchmal ihren Hunger dadurch, dass sie im Frühjahr brütenden, kleineren Vögeln – mit Vorliebe Amseln – die Eier oder die schon geschlüpften Nestlinge rauben und sie auffressen. Die Meinung, Elstern seien böse Vögel und bedrohten durch ihre Nesträubereien den Fortbestand anderer Vogelarten, ist ein weit verbreiteter Allgemeinplatz. Über Elstern wird vermutlich noch mehr Unfug geredet als über Drogen unter Drogenbenutzern oder über die Wirtschaft in der sogenannten Krise unter Journalisten.

Aber in der Häufung nervt das Vorurteil dann doch. Zumal ich dann noch ein paar Tage später mitansehen muss, wie ein Hundebesitzer seinen Hund ins Gebüsch hetzt, um eine gerade flügge gewordene, noch unerfahrene Elster zu jagen. Und der, darauf aufmerksam gemacht, dass das erstens verboten und zweitens eine Gemeinheit sei, mit seinem Hund zurückkeift, die Biester richteten sowieso nur Schaden an – und so weiter. Zum Glück war der Hund so dämlich wie die Elster schlau.

Dass Elstern intelligent sind und neben einer herausragenden Beobachtungsgabe auch über technisches Geschick verfügen, wird auch von ihren menschlichen Feinden anerkannt. Sie sind zum Beispiel in der Lage, Dachziegel anzuheben, um darunter portionierte Nahrung zu verstecken und bei Bedarf wieder hervorzuholen. Zum Vorteil wurde das dem schwarz-weißen Vogel mit dem metallic-schwarzblau glänzenden, langen Schwanz aber nie angerechnet. Im Gegenteil. Die Geschichte ihrer Bestandsentwicklung im 20. Jahrhundert in Deutschland spiegelt auf merkwürdige Art die politische Kultur des Landes.

Von 1900 bis 1920 waren die zuvor überall auf dem Land vorkommenden Vögel durch massive Verfolgung und Bejagung soweit dezimiert, dass die meisten Ornithologen mit ihrem baldigen Aussterben rechneten. Gegen Ende der 20er-Jahre erholten sich die Elsterpopulationen langsam wieder und kehrten in früher verlassene Gebiete zurück. Nach dem Zweiten Weltkrieg erreichten sie in den waffenlosen Jahren bis 1950 wieder Siedlungszahlen, wie man sie aus der Mitte des 19. Jahrhunderts kannte. Um nach 1950 mit der wieder einsetzenden Jagd und der zunehmenden Intensivierung der Landwirtschaft abermals unter massiven Druck zu geraten. Dass sie in der Folge ihre Populationsgrößen dennoch konstant halten konnten, hatte einfach damit zu tun, dass sie die Stadt als Lebensraum entdeckten.

Während sie in ländlichen Gebieten bis heute immer seltener anzutreffen sind, nimmt ihre Zahl in Städten immer weiter zu.

Für die Elstern ist das insofern ein Vorteil, weil ihnen die Jäger dorthin nicht nachkommen können. Die Urteile über ihr angeblich böses Tun sind ihr trotzdem auch in die Stadt hinterhergeflogen. Das ist wirklich widersinnig. Es gibt nämlich tatsächlich einen wissenschaftlich stichhaltigen Zusammenhang zwischen der Population von Elstern und der von kleineren, vermeintlich selteneren und bedrohten Singvögeln. Elstern sind immer da besonders häufig, wo auch Amseln, Buchfinken, Grünlinge, Meisen, Zaunkönige oder Nachtigallen besonders zahlreich sind. Es ist ja auch wirklich nicht ganz leicht zu verstehen, dass Elstern in manchen Gegenden tatsächlich einen Großteil der Erstbruten von Amseln fressen und sich trotzdem kein nachweisbarer Einfluss dieser Tatsache auf den Bestand der Amseln finden lässt. Um das aufzuklären, muss man das Spektakel von Fressen und Gefressenwerden genau betrachten.

Amseln bringen es in Städten mitunter auf bis zu drei Bruten in einem Jahr, und offensichtlich können sie sich den Verlust des ersten Geleges ›leisten‹. Dass Elstern die Zweitbruten wesentlich weniger bis gar nicht angreifen, erklärt sich aus ihren Fressgewohnheiten. Magen-, Kot- und Speiballenanalysen von Elstern ergeben überall – ob in Manchester, Poznan oder Erfurt – ein ähnliches Bild. Sie ernähren sich in der Hauptsache von Samen, Früchten, Insekten und deren Larven, Regenwürmern, Knospen und Haushaltsabfällen aller Art, von Fischschuppen bis Hühnerknochen. Kleinvogelküken- oder Eierreste lagen bei allen Untersuchungen etwa bei drei Prozent.

Das Gezeter um diesen verschwindend geringen Anteil ihrer Nahrung könnte auch mit der Dauerpräsenz der Tiere zusammenhängen, ihrer Größe und Farbe. Elstern sind Standvögel, sie bleiben das ganze Jahr in ihren Revieren, halten sich gern an exponierten Stellen auf und bauen ihre großen Nester unübersehbar in hohe lichte Stellen der Bäume. Wenn sie die Nester, was nicht alle tun, auch noch mit einem Dach versehen, fallen die Kugeln deutlich ins Auge. Zudem sind Elstern selten still. Ihr Geschacker und »*Tschark*«-Geschirk kann sich von Herbst bis in den beginnenden Frühling, wenn sie sich in Städten zu Versammlungen von bis zu vierhundert Tieren treffen, zu Kreischkonzerten ausweiten, deren melodischer Anteil äußerst gering ist.

Außerdem spielen sie gern mit glänzenden und glitzernden Gegenständen wie Plastiktüten oder Silberschokoladenpapier. Das hat ihnen den Ruf des Diebes eingebracht. Sie stehlen die glänzenden Gegenstände jedoch nicht, was man auch daran sehen kann, dass sie die Sachen nicht verstecken. Während sie Pflanzenzwiebeln, Käse oder Eicheln so speichern, dass sie kein anderer finden kann, lagern sie Plastiktüten oder Messingdrähte ganz offen für jeden sichtbar am, neben oder auf dem Nest.

Bleibt allerdings die Frage, woher sie dann ihren Ruf haben. Die Ökonomisierung der Natur könnte dabei eine Rolle spielen, die nicht erst im 19. Jahrhundert beginnt, sondern bereits bei Francis Bacon formuliert ist. Jene Sicht, die meint, nur den starken Baum, der auch Früchte trägt, jedes Jahr mehr, und dabei kerngesund ist, gießen zu müssen, und den Strauch der keine schönen Blüten trägt, als Unkraut auszureißen und zu vernichten. Ein Blick in andere Kulturen bestätigt das. In der Mongolei etwa sind Elstern fast heilige Vögel, und an jeder Jurte gibt es auch ein Paar, dessen Flug man aufmerksam verfolgt.

Das bettelnde Elsterweibchen stellt sich aufgerichtet vor das Männchen, zittert mit den Flügeln und äußert hohe, leicht weinerlich klingende Bettelrufe.

Oder wie in Bombay, einer Stadt, die beispiellos zahlreich von Krähen besiedelt ist, jeder eine Krähengeschichte kennt und erzählt, die alten und schwach gewordenen sogar im Altersheim versorgt. Es scheint angesichts der Elster fast so, als sei hierzulande der Glaube selbst dabei, im Kalkül von Nützlichkeit zu verbiestern. Den Elstern aber wird's egal sein, in Städten sind sie sicher. Und in Städten kann man mittlerweile die Dynamiken ihrer Populationen in der Auseinandersetzung mit anderen Rabenvögeln besser beobachten als je auf dem Land. In Berlin kam es, nachdem die Elstern vor vierzig Jahren aus dem Umland in die Innenstadt gezogen sind, zu teilweise rasanten Bestandsentwicklungen. Im dicht bebauten Bezirk Prenzlauer Berg stiegen die Elsterpopulationen von einem Paar pro Quadratkilometer im Jahr 1969 auf fünfzehn Brutpaare auf derselben Fläche 1997 an. Ein Zuwachs, den Ornithologen allein der Produktivität der städtischen Elstern zuschreiben, der also nicht mehr auf Zuwanderungen aus dem Umland zurückzuführen ist. In den Himmel können ihre Populationen aber auch in Städten nicht wachsen. Zu begrenzenden Faktoren ihrer Ausbreitung werden dabei Nebelkrähen und Habichte. Elstern leben in einem besonderen Konkurrenzverhältnis mit Nebelkrähen. Sie meiden die Territorien der Krähen und halten sich, wenn überhaupt, nur an deren Rändern auf. Etablierte Krähenreviere können sie kaum erobern und direkten Auseinandersetzungen mit Krähen gehen sie aus dem Weg. So kommt es auch in Berlin zu lokalen Umsiedlungen der Elstern, um den Kontakt mit Krähen zu meiden. Noch scheint der Raum in der Stadt aber ausreichend groß zu sein, sodass es trotz der Umsiedlungen keinen negativen Effekt auf die Bestände der Elstern gegeben hat. Das gleiche gilt für die Habichte in der Stadt. Im direkten Umfeld der Habichtnester kam es bisher nicht zu nachhaltigen Verlusten bei der Elsternpopulation.

Werkzeuge und Spiegel

Man hatte Betty und Abel das Schweineherz, das sie so gern mochten, in einem Glaszylinder angeboten. Dabei war der Hals des Zylinders so lang, dass die beiden mit dem Schnabel nicht auf den Grund des Zylinders reichten, auf dem die Nahrung lag. Ganz so gemein wie es auf den ersten Blick scheinen könnte, waren die Forscher um den aus Argentinien stammenden und in Oxford lehrenden Verhaltensökologen Alex Kacelnik aber nicht. Sie hatten zusätzlich zur Nahrung den beiden Krähen zwei Drahtstücke ins Labor gelegt, einen geraden Draht und einen, der zu einem Haken gebogen war.

Abel griff sich sofort den Hakendraht, holte damit das kleine Schälchen mit dem Fleisch aus dem Glas und verzehrte es allein. Dass ihm nicht nach Teilen der Sinn stand, war für Betty aber nur ein kleines Problem. Sie nahm sich den geraden Draht, untersuchte ihn mit dem Schnabel und den Füßen und bog sich ein Ende zu einem Haken zurecht. Damit holte auch sie ihr Futter. Und weil sie weitaus kreativer in diesem Versuch war, ist ihre Lösung heute unter Verhaltensforschern und Psychologen weltberühmt.

Das Bild, das sie mit dem gekrümmten Haken vor dem Glaszylinder zeigt, ging nach der Erstveröffentlichung 2002 um die Welt und illustriert immer noch die nicht abreißenden Meldungen über die Fertigkeiten der Krähen aus Neukaledonien.

Die Ergebnisse der Oxforder Versuchsanordnung waren der erste, auch in Bildsequenzen dokumentierte Beleg für einen spontanen Werkzeuggebrauch im Tierreich außerhalb der Primaten. Was man bisher nur von Affen oder Halbaffen kannte, war jetzt eindeutig auch für Vögel nachgewiesen, und dass Bettys Aktion spontan war, ergab sich aus den Bedingungen. Betty und Abel waren mit der Hand aufgezogen worden und hatten vorher nie Kontakt mit metallischen Drähten gehabt. Die Tiere waren allerdings gut gewählt. Dass Rabenvögel gern mit metallischen Gegenständen spielen, war bekannt. Europäische Krähen und Elstern verwenden Drähte und metallische Folien auch als Nistmaterial. Die Kaledoniakrähen (*Corvus moneduloides*) sind aber noch auf eine andere Weise prädestiniert für den Versuch. Es stellte sich nämlich heraus, dass sie auch in ihrer natürlichen Umgebung Werkzeuge herstellen. Diese Krähen kommen nur auf Neukaledonien und den benachbarten Loyalty-Inseln in der Südsee vor. Wenn sie in einem Baumstamm unter einer dicken Moosschicht oder in morschem Holz eine Insektenlarve entdeckt haben, fangen sie nicht an, den Stamm zu bearbeiten, bis sie zur Larve vorgedrungen sind. Sie suchen in der Umgebung nach einem geeigneten Ast, brechen ihn ab und entblättern ihn, bis er als Stachel dazu taugt, mit ihm die Larve aus dem Holz zu stochern. Auf den relativ überschaubaren Inseln Neukaledoniens konnte man mittlerweile auch zeigen, dass diese Fertigkeiten bei den Krähen über Generationen weitergegeben werden und regelrechte Traditionslinien bilden. Auch das hatte man bisher nur Primaten zugetraut.

Im Labor konnte die Arbeitsgruppe um Kacelnik in Folgeversuchen zeigen, dass die Krähen aber nicht nur ein Werkzeug herstellen und benutzen, sondern dass sie auch verschiedene Werkzeuge in Folge verwenden.

Eichelhäher mit Haselnuss.

Auch bei diesem Experiment ging es darum, Nahrung aus einem Loch zu fischen, die nur mit einem speziellen Werkzeug erreichbar war. Um an dieses Werkzeug heranzukommen, mussten die Krähen allerdings erst zwei andere benutzen. In Oxford wurden dazu sieben Vögel getestet, von denen einige die Aufgabe auf Anhieb schafften. Was die Annahme erlaubt, dass die Krähen Probleme, bevor sie sie praktisch-technisch angehen, durchdenken und erst dann zur Tat schreiten, wenn sie den Ablauf im Kopf ›begriffen‹ haben. Dass Tiere technische Probleme ohne vorherige Versuchs- und Irrtumsanordnung durchdenken können, kannte man vor allem von Orang-Utans, die sich in Zoos zu Ausbruchsspezialisten entwickelt haben, ohne dass man je gesehen hätte, dass sie sich vorher übend an Tür und Gatter handgreiflich betätigt hätten.

Wissenschaftlich sind die Ergebnisse aus den Versuchen an den Kaledoniakrähen längst nicht mehr die einzigen, die die aufstrebende Abstammungslinie vom einfachen zum hochentwickelten Säugetier erschüttern, wie sie die menschenfixierte Stammesgeschichte erzählt.

So konnte kürzlich die Arbeitsgruppe um den Psychologen Helmut Prior von der Frankfurter Goethe-Universität nachweisen, dass sich Elstern im Spiegel erkennen können. Was bisher ein Privileg von Elefanten, Schimpansen, Delfinen und Menschenkindern, war, muss nun auch in der von der menschlichen Abstammungslinie sehr weit entfernten Vogellinie verortet werden.

Dass das völlig anders organisierte Vogelhirn, das keine organisierend integrierende Struktur wie die Großhirnrinde, den Neokortex, aufweist, in der Lage ist, ähnliche kognitive Fähigkeiten hervorzubringen wie das Säugerhirn, kann man auch als eine Absage an stammesgeschichtliche Fortschrittsvorstellungen sehen. Dass Vogelhirne allerdings ganz bestimmt noch nicht einmal von Menschen erreichbare Gedächtnisfähigkeiten ermöglichen, ist schon länger bekannt.

Kiefernhäher (*Nucifraga columbiana*) zum Beispiel verstecken im Herbst zu Vorratszwecken 30 000 Samen an bis zu 6 000 verschiedenen Orten, die sie im Winter nicht nur wiederfinden, sondern sie wissen auch noch, welcherart der vergrabene Same ist, und graben daher die jeweilige Sorte rechtzeitig vor dem Auskeimen aus. Eine Fähigkeit, die sie allerdings üben müssen, um sie nicht zu verlieren. Kiefernhäher verstecken auch im Frühjahr und Sommer alle möglichen kleinen Gegenstände wie Steine und entfernen sie dann wieder aus den Verstecken.

Kolkrabe, ins Bild gekrümmt von John oder Elizabeth Gould.

Die Farbe Schwarz

Dass den Raben ihre wegen der schwarzen Farbe vermutete Nähe zu den Toten nicht immer zum Vorteil ausgelegt wurde, ist bereits mehrfach erwähnt worden. Das Schwarze aber kann bei den Krähen oder Rabenvögeln tatsächlich als ein Grund für ihre Erfolgsgeschichte angesehen werden. Große schwarze Vögel scheinen Menschen selbst in den schlimmsten Notzeiten nur ausnahmsweise und ungern zu essen. Das verhinderte zwar nicht, dass man Krähen und Raben verfolgte und abschoss, es hat aber dazu geführt, dass sie zu keiner Zeit in keiner Kultur zum regelmäßigen Nahrungsmittel geworden sind. Ihrer Ausbreitung in Menschennähe war das zuträglich. Es kann Tieren auch nützen, von Menschen als nicht schön empfunden zu werden. Das zeigen die Ausbreitungsgeschichte der Rabenvögel und ein Blick auf ihre nahen Verwandten.

Krähenvögel sind sehr eng mit den Paradiesvögeln verwandt. Der Ursprung der Krähen liegt wie der der Paradiesvögel auf Neuguinea und den zahlreichen kleinen Inseln in der Umgebung. Während aber Paradiesvögel auf das Gebiet Neuguineas beschränkt blieben, leben Rabenvögel heute fast überall auf der Welt. Paradiesvögel, die ihren Namen von den Europäern aufgrund ihres prächtigen Gefieders erhielten, gelten heute als bedrohte Arten. Das hat natürlich auch mit der Verfolgung der Vögel durch Menschen zu tun, doch es gibt noch einen anderen Grund. Paradiesvögel sind auf ihre speziellen Lebensräume in Neuguinea angewiesen. In Städten zum Beispiel könnten sie nicht überleben, und das macht sie auch anfällig für die Zerstörung ihrer Umwelt. Im Gegensatz dazu haben die Neukaledoniakrähen als ursprüngliche Waldbewohner mit der Verstädterung Neukaledoniens weniger Probleme. Sie ziehen in die Städte um und passen selbst ihre Nahrungssuche den Rhythmen der Menschen an.

Das berühmteste Beispiel dafür sind die Krähen von Tokio. Die Dschungelkrähen (*Corvus macrorhynchos*), die weit über Südostasien verbreitet sind, haben es im dicht bebauten und besiedelten Tokio geschafft, sich in einem Lebensraum zu etablieren, in dem alles getan wird, um ihnen das Leben schwer zu machen. So verpflichtet die Stadtverwaltung die Bewohner Tokios dazu, ihre Müllsäcke erst unmittelbar vor Eintreffen der Müllabfuhr auf die Straße zu stellen. Dadurch soll verhindert werden, dass die Krähen die Müllsäcke aufhacken und darin nach essbaren Abfällen suchen, wie sie es vor der Verordnung getan hatten. Für die Suche nach Nahrung in verschlossenen Müllsäcken waren die an die fünfzig Zentimeter langen durchgehend schwarzen Dschungelkrähen mit ihrem auffallend dicken Schnabel besonders geeignet. Im sauberen Tokio hatte sich mit der Müllverordnung die Abfallsuche für die Krähen allerdings erledigt. Sie lernten daraufhin den städtischen Raum auf andere Weise zu nutzen. Sie waren die ersten Krähen, von denen Berichte um die Welt gingen; darüber, wie sie gelernt hatten, ihre Nüsse an Ampeln von Autoreifen knacken zu lassen. Eine Technik, die mittlerweile, wie bereits erwähnt, auch bei Raben in Kanada und Rabenkrähen in München beschrieben worden ist. Der Erfindungsreichtum der Krähen von Tokio ist aber immer noch kaum von anderen Krähen erreicht.

Zwei Dschungelkrähen mit dickem Schnabel verstärken ihr Nest mit Kleiderbügeln.

Nachdem die Stadtverwaltung es trotz Müllsackverordnung und allgemeiner Reinlichkeit nicht geschafft hatte, die Krähen aus der Stadt zu vertreiben, ging die Stadtreinigung dazu über, die Krähennester mit Wasserwerfern in den Bäumen zu zerstören. Ein Vorgehen, das die Krähen dazu veranlasste, ihre Nester mit Drahtkleiderbügeln zu verstärken. Die Kleiderbügel stehlen sie direkt von Wäscheleinen auf Balkonen oder aus Hinterhöfen und Gärten. Ihre Nestkonstruktionen waren dadurch so gut, dass die Stadt die Wasserwerferangriffe irgendwann einstellte und heute nur noch sporadisch versucht, an den Nestern ihr Zerstörungswerk fortzuführen. Den Krähen von Tokio bleibt aber auch trotz dieser Widrigkeiten noch genug Zeit, einfach nur Spaß zu haben. Nachdem ich für die FAZ einen Artikel über die Fähigkeiten der Krähen geschrieben hatte, antwortete mir ein zeitweilig in Tokio lebender Leser mit einem Brief, in dem er von dem Vergnügen der Krähen erzählte. In Tokio legen die Krähen kleine Steine auf die Gleise der Stadtbahn. Sie warten, bis ein Zug kommt, und erfreuen sich dann sichtlich mit schräggelegtem Kopf am Klickgeräusch, das die Züge erzeugen, wenn sie die Steine quetschen.

Die alte Singvogelregel, dass ein bunter Vogel meist schlechter singt als ein schlicht gefärbter, hat sich bei Krähen offenbar nicht in Gesangsqualitäten, sondern in soziales Verhalten verlegt. Viele Rabenvögel bilden zwar oft lebenslange Paarbeziehungen aus und sind am Nest territorial. Sie formieren sich aber alle immer wieder zu Trupps oder kleinen Schwärmen, die ihnen auch als Informationsbörse über Nahrungsangebote und zur Partnersuche dienen.

Von Asien nach Alaska

Die Mythen um die Krähen folgen nicht einer entwickelten religiösen Kosmologie. Krähengeschichten sind in der Regel fragmentarisch. Sie tauchen kurz auf wie Raben im Himalaya oder im Schnee von Alaska, ohne sich zu einer geschlossenen großen Erzählung zu formieren. Wahrscheinlich sind sie Reste eines ehemaligen Krähenkults oder einer vergangenen Mythologie, deren Zentrum wohl im Norden Zentralasiens lag. Von Asien aus, so vermutet neben anderen der Literaturwissenschaftler Boria Sax, haben sich die Mythen zu den Inuit nach Kanada und Grönland ausgebreitet, Kelten und Stämme der Nordländer affiziert, und in abgeschwächter Form die Hebräer erreicht.

Einer der Wege, den die Mythen gingen, führte dabei über die Beringstraße. Anthropologen haben immer wieder auf die Ähnlichkeiten zwischen dem Glauben der Schamanen Sibiriens und dem der nordamerikanischen Ureinwohner hingewiesen. Tatsache ist bis heute, dass nirgendwo die Legenden, Mythen und Anekdoten um die Krähen so präsent sind wie in Asien und in der Neuen Welt. Wie schon angesprochen, gelten in der Mongolei die Elsternpaare, die um fast jede Jurte zu finden sind, als Glücksbringer und werden dementsprechend gern gesehen. Und in indischen Städten wie Bombay gibt es so etwas wie Altersheime für Krähen: Häuser und Gärten, in denen schwache, alte oder verletzte Krähen aufgenommen und gepflegt werden. Unter den nordamerikanischen Indianern wurden Krähen in den Jahren um 1890, also in der Zeit der ersten großen Depression, zum zentralen Tier im Ritus des *Ghost Dance*. Krähen lösten in diesen Jahren unter den verschiedensten Stämmen Nordamerikas den Adler als Hoffnungs- und Trosttier ab. In den schlimmen Zeiten der fortschreitenden Verdrängung und Vernichtung der indigenen Stämme waren Krähen schlicht erreichbarer im Gegensatz zu den hochfliegenden Adlern und als ganz real auch überlebenstüchtigere Vögel das geeignetere Symbol. Und auch wenn sich die Hoffnungen auf ein neues Reich der Indianer im Frieden mit dem Weißen Mann, wofür der *Ghost Dance* stand, im Dezember 1890 im Massaker von Wounded Knee endgültig erledigten, spielen Krähen in ihren Zeremonien immer noch eine wichtige Rolle. Besonders die Indianer der Great Plains, wie die Pawnees, pflegen weiterhin kultische Beziehungen zu den schwarzen Vögeln. Und auch diese Beziehung basiert auf realen Gründen. Nachdem die neuen Siedler Amerikas die Indianer aus den riesigen Grasweidegebieten vertrieben hatten, versuchten sie das gleiche unter Zuhilfenahme ähnlich fieser Methoden mit den Krähen. Dass sie letztlich damit zum Glück erfolglos blieben, hat dann über Umwege auch mit den Indianerriten zu tun. Denn über die Hinwendung zum Beispiel der Hippies zur Kultur der Ureinwohner Amerikas wanderten auch die Krähen in die Populärkultur und die New-Age-Bewegung. Mit Sicherheit hat noch der hirnrissigste Gebrauch im New Age wie auch die raffinierteste Zeichentrickkrähe dazu beigetragen, den Vögeln wieder Anerkennung zu verschaffen und sie nicht zum Ungeziefer werden zu lassen, das Farmer, Jäger und weiße Rassisten aus ihnen machen wollten. Noch

Corvus hawaiiensis*: Die Hawaiikrähe ist die seltenste Krähe der Welt. In Freiheit ausgestorben, leben noch um die fünfzig Vögel in Aufzuchtstationen.*

die banalste Popkrähe enthält Elemente der authentischen Spiritualität, mit der die verschiedenen Völker den Krähen begegneten. Das ist ein Aspekt der Krähengeschichten, auf den seriöse Krähenforscher wie Konrad Lorenz, Lawrence Kilham und Bernd Heinrich immer wieder verweisen und der im nächsten Kapitel betrachtet werden wird.

Krähen werden in Mythen und Legenden mit Prophezeiungen, Weisheit und Langlebigkeit in Verbindung gebracht. Vor allem im nordwestlichen Pazifikraum gelten sie bei verschiedenen Stämmen als Schöpfungsvögel. Wobei hier zwei Dinge von Bedeutung sind. Zum einen unterscheiden die Geschichten in der Regel nicht streng zwischen Krähen und Raben, sodass die Wörter synonym gebraucht werden. Zum anderen handelt es sich bei den Mythen nie um die ursprünglichen Geschichten, sie müssen im Sinne einer ›reinen‹ Mythenbetrachtung als kontaminiert betrachtet werden, als aus unterschiedlichsten Einflüssen kombiniert. Und zu diesen Einflüssen zählen auch christliche Mythen und Erzählungen. Schöpfungsmythen z. B. gehören nicht zu den ältesten Erzählungen tribaler Gesellschaften, sie treten in der Regel erst dann auf, wenn sich Gesellschaften einem größeren Terrain als dem Stammesgebiet zuwenden, also wandern, Handel treiben oder Eroberungskriege führen.

Die Chuckchee, eine indigene Gruppe im Nordosten Sibiriens, erzählen die Geschichte von einem Raben und seiner Frau, die sich zu zweit langweilten. Als die Frau den Raben bat, eine Welt zu erschaffen, wusste der nicht, wie er das machen sollte. Daraufhin schlief sie ein und gebar Zwillinge: Kinder, die keine Federn hatten und sich über die krächzende Stimme der Raben amüsierten. Das waren die ersten Menschen. Inspiriert durch die Geburt der Zwillinge, begannen die Raben Berge, Flüsse, Täler und Pflanzen und Tiere zu erschaffen. In den Legenden der Inuit der Kukulik-Insel in der Beringstraße erschufen Raben ihr Land, indem sie ins Meer tauchten und Sand an die Oberfläche brachten. Aus den Kieselsteinen im Sand formten sie dann die Menschen und brachten ihnen das Jagen und Fischen bei.

Zum Schöpfer von Erde, Mond, Sonne und Menschen werden Raben auch in den Mythen der Tlingit-Indianer an der Nordwestküste Alaskas. Allerdings mischen sich in die Schöpfergüte der Raben bei den Tlingit gemeine Züge. So sollen sie auch die Mücken erschaffen haben, um die Menschen zu ärgern. Raben werden in vielen Mythen mit den Zügen eines Tricksters versehen, eines mit allen Wassern gewaschenen Schöpfers, der auch die Schadenfreude schätzt. Die Tricksterzüge der Raben werden aber nie als böse gedeutet. Schließlich haben die Raben der Erde so auch das Licht und die Sonne erschlichen.

Die Tsimishan-Indianer, die ebenfalls an der Nordwestküste des Pazifiks leben, erzählen, dass Raben Fische und Früchte über die ganze Welt verteilten. Sie hatten nur Schwierigkeiten die Nahrung zu finden, weil es auf der Welt kein Licht gab. Ein Rabe flog daraufhin durch ein Loch im Himmel in eine andere Welt. Da angekommen, sah er die Tochter des Himmelsherrschers, die Wasser aus einem Fluss schöpfte. Der Rabe verwandelte sich in eine Zedernnadel und flog in ihren Wasserkrug. Als die Prinzessin vom Wasser trank, floss der Rabe in ihren Körper. Die Prinzessin wurde schwanger und gebar den Raben als kleinen Jungen. Der Junge umspielte den Herrscher mit seinem Charme und stahl den beiden die Schachtel, in der das Tageslicht lagerte. Der Rabe verwandelte sich zurück in seine ursprüngliche Form, flog durch das Loch im Himmel zurück zur Erde und zerschlug dort die Schachtel. Darauf erstanden Sonne, Mond und Sterne, und auf der Erde gab es Licht, Tag und Nacht.

Die Geschichten um die Raben handeln immer von der Wandlungsfähigkeit der Vögel und schätzen ihren Trickreichtum. Auch in Japan kursieren Legenden um ihre Tricks mit dem Licht. Eine erzählt davon, wie ein Monster die Sonne verschlingen wollte. Um das zu verhindern, hatten die Herren des Himmels einst die erste Krähe erschaffen. Kurz bevor die Sonne im Rachen des Monsters zu verschwinden drohte, flog die Krähe direkt in dessen Hals, was das Ungetüm so verwirrte, dass es von der Sonne abließ. Damit hatte die Krähe der Welt das Licht erhalten. Die tiefe Verbindung der Krähen zum Licht und zur Sonne spiegelt sich auch in den Geschichten der Inuit. Nach ihrer Version schufen die Krähen das Licht, indem sie glitzernde Silberstückchen in den Himmel warfen. Die Milchstraße ist für die Inuit heute die Spur dieses Silberstreifenwurfs.

Die Milchstraße ist auch Teil einer der schönsten Geschichten um die Krähenvögel. Sie handelt von zwei Liebenden und ist in verschiedenen Versionen in ganz Ostasien verbreitet. Eine Weberin namens Zhi nu hatte einen jungen Ochsenhirten namens Quian nu geheiratet. Sie war die Großtochter des Himmelsherrschers und ihre Aufgabe war es, die himmlischen Gewänder mit den Wolkenmustern zu weben. Nach der Heirat hatte sie aber Besseres zu tun, als die Wolken zu weben. Die meiste Zeit amüsierte sie sich mit ihrem Mann und kümmerte

Kolkrabenpaarspiele: oben krault einer den anderen, darunter füttern sie sich in normaler und verspielter Haltung mit verdrehtem Kopf.

sich nicht um ihre Arbeit. Darauf beschloss der Herr des Himmels, die beiden zu trennen. Zhi nu wurde in den östlichen Himmel versetzt, Quian nu in den westlichen, und zwischen die beiden baute der Herr die Milchstraße. Nach der Trennung weinten die Weberin und der Ochsenhirte so heftig, dass sich große Fluten über die Erde ergossen. Bis schließlich am siebten Tag des siebten Monats des chinesischen Jahres Elstern zum Himmel flogen und eine Brücke zwischen den getrennten Sternen bildeten. Zhi nu ist der Stern Vega und Quian nu der Stern Altair an der gegenüberliegenden Seite des Himmels und jedes Jahr werden nach der Sage die beiden durch die Vögel zusammengeführt.

Das macht auch verständlich, warum Elstern in Ostasien als Beschützer der Liebenden gelten und an den mongolischen Jurten so willkommen sind. Elstern gelten zudem in Asien als Symbole der Häuslichkeit. Das hat mit der Art und Weise zu tun, wie sie ihre weithin sichtbaren Nester bauen, die sie mit einem Dach und einem seitlichen Eingang versehen. Im Chinesischen bedeutet das Schriftzeichen für Elstern zudem direkt übersetzt ›Vogel der Freude‹.

Wenn man die Naturgeschichte der Krähen in Asien, den Nordländern und den Lebensräumen der nordamerikanischen Indianer verfolgt, gibt es keinen Anlass, in den Mythen um die Vögel nur esoterische Kuriositäten zu sehen. Wie der amerikanische Biologe und Rabenforscher Bernd Heinrich feststellt, funktioniert das Zusammenleben zwischen Menschen und Krähen in jenen Gegenden, in denen die Raben zu Gottheiten erhoben wurden, hervorragend. In Island, wo die alte Rabenverehrung der Wikinger weiterlebt, sind sie zum Beispiel fast zahm. Um die Inuitdörfer wie um die Städte Alaskas versammeln sich Krähen, picken Brauchbares aus dem Abfall und stehlen Lebensmittel von den offenen Ladeflächen der Pick-ups, ohne dass ihnen Tod und Pest angedichtet werden. Und in Japan fällt es den modernen Bauern auch aufgrund der alten Geschichten von der Sonnenrettung schwerer als hierzulande, Krähen zu verfluchen, wenn sie Saatgut von ihren Feldern stehlen. Es sind diese ganz handfesten Verstrickungen des Umgangs mit Krähen in Asien und heute selbst in Kalifornien, die Forscher wie Bernd Heinrich oder Boria Sax daran zweifeln lassen, dass allein rein positivistische Erkenntnisse aus der Wissenschaft den Umgang mit Krähen positiv beeinflussen können. Zuviel auch stimmige Spiritualität ist in die Krähengeschichten eingegangen, als dass sie aus der Naturgeschichte ganz verschwinden sollten, meinen Forscher wie Heinrich und nehmen die Legenden in ihre populärwissenschaftlichen Darstellungen auf.

Cicinnurus regius: *Königs-Paradiesvogel, der kleinste der Paradiesvögel mit den lebhaftesten Farben.*

Konrad, die Krähe

Lorenz' Einfühlung in Tiere gibt ihm einen fast unfairen Vorteil gegenüber anderen Zoologen. Er kann (und tut dies sicherlich auch) viel aus einem (bewussten oder unbewussten) Vergleich ablesen zwischen dem, was er ein Tier tun sieht, und der Art und Weise, wie es sich anfühlt, etwas Derartiges zu tun.

GREGORY BATESON

Er war ein ausgezeichneter Schauspieler. Er konnte sich in die Haut von jedem Vogel, Raubtier oder Fisch versetzen. Als er die Dohle am unteren Ende der ›Hackordnung‹ nachahmte, war er der unglückliche Vogel.

BRUCE CHATWIN

Konrad Lorenz war einer der einflussreichsten Biologen des 20. Jahrhunderts. Die Bilder, die ihn, graubärtig und immer etwas gebückt gehend, als Vater einer Schar von Gänseküken zeigen, mit denen er dann auch noch baden ging, machten ihn weltberühmt. Als Gänsevater wurde er zum Autor von Weltbestsellern wie *Das sogenannte Böse* und als Gänsevater wurde ihm 1973 zusammen mit dem Bienenforscher Karl von Frisch und dem Möwenspezialisten Nikolaas Tinbergen der Nobelpreis für Physiologie und Medizin verliehen.

Auf der Bühne in Stockholm standen damals aber nicht nur drei herausragende Verhaltensforscher, sondern auch Verkörperungen der politischen Verwüstungen des 20. Jahrhunderts.

Nikolaas Tinbergen war ein aktiver Teilnehmer am holländischen Widerstand gegen die Besetzung durch die Truppen des nationalsozialistischen Deutschland gewesen. Karl von Frisch war den Nazis suspekt, weil er eine jüdische Großmutter hatte und damit unter die Rassegesetze des Dritten Reichs fiel. Und Lorenz war unter diesen Dreien der Nazi. Er hatte eine Zeit lang den Nationalsozialismus unterstützt und mit grauenhaften Texten gefüttert, in denen er von der *»Ausmerzung der mit Ausfällen behafteten Elemente«* schrieb.

Lorenz deutete den Zusammenhang zwischen seinem Denken und der nationalsozialistischen Praxis selbst in einem im Frühjahr 1980 dem ORF gegebenen Interview. Angesprochen auf seine Verwicklung in der Nazizeit antwortete er: *»Ich habe sogar gehofft, dass der Nationalsozialismus etwas Gutes bringen wird, nämlich in Bezug auf die Hochschätzung der biologischen Vollwertigkeit des Menschen, gegen Domestikation usw. Dass die Leute ›Mord‹ meinen, wenn sie ›Ausmerzen‹ oder wenn sie ›Selektion‹ sagen, das habe ich damals wirklich nicht geglaubt.«*

Der Schlüsselbegriff, um den es hier im Zusammenhang mit den Gänsen und Krähen geht, ist Domestikation. Der Domestikationsprozess, die Züchtung von Haustieren wie Schweinen, Schafen oder Gänsen aus einer Wildform, ist ein extrem seltener Vorgang, für den sich nur ganz wenige Tierarten eignen. Im Unterschied zu Gänsen, von denen es Haustier- und Wildformen gibt, sind Krähen nirgendwo auf der Welt domestiziert worden. Bei der Nähe, die Krähen immer und überall zu Menschen und deren Siedlungen gesucht haben, ist der Grund dafür, so geheimnisvoll er bleibt, bestimmt auch bei den Krähen zu suchen. Krähen lassen sich als Jungvögel relativ leicht mit der Hand aufziehen und entwickeln dann sehr enge Beziehungen zu ihren menschlichen Haltern. Nicht selten zähmen sie sich auch selbst. Die Geschichten sind Legion, die von Krähen erzählen, die in der Fußgängerzone in Kiel oder Freiburg immer wieder *»Guten Tach«* rufen oder sich auf das Klauen von Parkbußzetteln unter dem Scheibenwischer von Autos spezialisiert haben und sich dann über die Reaktionen der Menschen freuen oder wundern. Trotzdem hat man es nie geschafft, Krähen in eine von Menschen abhängige und gesteuerte Zuchtform zu überführen, wie es mit Gänsen sehr gut gelungen ist.

Darin ist der entscheidende Grund zu sehen, der die Gänse für Lorenz' Verhaltenstheorien so attraktiv machte. Indem er in das Leben der wilden Graugänse eintauchte, konnte er weitreichende Vergleiche zwischen Haus- und Wildgänsen anstellen und seine Theorien zur Degeneration durch Domestikation ausarbeiten. Mit Krähen wäre das nicht möglich gewesen, er hätte mit ihnen immer einen unerklärlichen, wilden Rest bestehen lassen müssen, der sich der rationalen Reihe der positivistischen Wissenschaften entzieht.

Mit Krähen hatte Lorenz aber seine wissenschaftliche Laufbahn begonnen, und wäre er dabei geblieben, hätte er sich und uns viel Übel erspart. Es ist nämlich der Krähe gewordene Forscher, der seine Wirkung bis in die Seminare des französischen Psychoanalytikers Jacques Lacan entfaltet. Um jedem Missverständnis vorzubeugen: Damit soll weder eine Ehrenrettung von Lorenz noch eine Entschuldigung für seine Anbiederung an den Nationalsozialismus geliefert werden. Lorenz war eine Zeit lang Anhänger des NS, aber er war noch etwas anderes, und dieses andere ist nach wie vor aktuell.

Lorenz arbeitete an einer Bruchstelle. An den Tieren kann man einen der wesentlichen Unterschiede zwischen dem 19. und dem 20. Jahrhundert demonstrieren. Frösche zum Beispiel wurden, bevor sie zu Objekten der Forschung wurden, im 19. Jahrhundert erst einmal lahmgelegt. Man band sie in Laborapparaturen und maß die elektrischen Schläge ihrer Muskelzuckungen. Das Tier war, unbeweglich gemacht, zum Vorbild für die mechanistischen Modelle des Szientismus dieser Zeit geworden. Das Tier war Elektrizität, Blaupause für Batterien und Glühbirnen.

Mit dem Anfang des 20. Jahrhunderts wird das Tier aus der Apparatur entlassen, es lernt laufen, springen, fliegen. Symptomatisch für diesen Wechsel des Blicks auf das Tier ist die Bemerkung von Lorenz, Frösche seien im Vergleich etwa zu Vögeln einfach zu langsam, um dauerhaft vor einem Fressfeind zu fliehen. Lorenz, der in den 20er- und 30er-Jahren zu einem der Mitbegründer der modernen Verhaltensbiologie wird, wendet sich denn auch Vögeln zu, in den ersten Jahren vor allem Dohlen. Und es ist kein Zufall, dass er die Verbindung zur Bewegung des Lebens bei Krähenvögeln findet. Die schon mehrfach angesprochene Parallelität der Entwicklung von Krähen und Menschen ist der tiefere Grund.

Da er ein kaum nachvollziehbares und schon gar nicht lehrbares Einfühlungsvermögen für Tiere im Allgemeinen und Vögel im Besonderen besaß, war es ihm gelungen, eine ganze Kolonie von Dohlen so zahm zu halten, dass er sie jederzeit beobachten konnte. Daraus entstanden seine ersten größeren Arbeiten über die *Ethologie sozialer Corviden* (1931) und *Der Kumpan in der Umwelt des Vogels* (1935). Es geht Lorenz in den

Arbeiten vor allem um das Verhältnis von angeborenen und erworbenen Verhaltensweisen.

Dahinter steckt aber die allgemeinere Frage dieser Jahre und die lautet: Was ist Leben? Und diese Frage lässt sich nur beantworten, wenn man in das Organische eingetaucht ist, wenn man wie Lorenz Dohle oder Graugans geworden ist. Wenn man sich dem Tier anverwandelt hat. Der Mensch muss Tier werden, um die Sozialbeziehungen der Tiere untersuchen zu können. Eine Forderung, der das Nobelpreiskomitee auch in der Begründung für den Preis folgte, indem es die Verhaltensbiologen *»für ihre Entdeckungen zur Organisation und Auslösung von individuellen und sozialen Verhaltensmustern«* würdigte. Und auch wenn Lorenz heute in der Biologie nur noch historisch betrachtet wird, wirkt seine Methode der Anverwandlung immer noch. Die Primatologinnen Jane Goodall und Dian Fossey werden sie an Schimpansen und Berggorillas radikalisieren. Unter Pavianforschern gibt es eine ganze Schule, die ihre Beobachtungszeiten ganz den Launen der Tiere anpassen, um sie gegebenenfalls in Ruhe zu lassen. Selbst Laborforscher wie die Graupapageienspezialistin Irene Pepperberg und die Oxforder Werkzeug-Krähen-Forscher um Alex Kacelnik fördern feste individuelle Bindungen zwischen ihren Laborangestellten und den Versuchspapageien und -krähen.

Obwohl Lorenz vor allem in seinen populären Texten zu den Dohlen öfter darauf hinweist, dass es einen Unterschied ausmacht, ob man ein Tier freifliegend beobachtet oder im Käfig, geht es in diesen Texten nie um Degeneration oder Domestikation. Auch eine zahme von ihm mit der Hand aufgezogene Dohle bleibt eine Dohle.

Es gibt bei Lorenz aber bereits in seinen Dohlentexten eine mysteriöse Verbindung zwischen den Begriffen ›angepasst‹ und ›gesund‹ im Sinne der Arterhaltung. So findet er zwar liebevolle Worte für einen vom ihm im Haus gehaltenen Dohlenmann, der Lorenz ständig anbalzt. Privat, kann man sagen, hat er nichts gegen die Homosexualität der Dohle, wissenschaftlich aber schon. Denn eine homosexuelle Dohle werde, da sie ohne Nachwuchs bleibe, zur Arterhaltung nichts beitragen können. Lorenz beruhigt im Kontext dieses Vogels seine Leser aber mit der Bemerkung, dass die Irritation des Vogels ein Gefangenschaftsproblem sei, in Freiheit werde der Vogel schon die richtige, die heterosexuelle Wahl treffen. Dass dieser Schluss Lorenz' mittlerweile genauso widerlegt ist, wie viele seiner anderen Erkenntnisse zum Instinktverhalten, zur Prägung und Monogamie von Tieren, sei hier nur am Rande erwähnt.

Für Dohlen jedenfalls kann man festhalten, dass sie auch freifliegend homosexuelle Paare unter beiden Geschlechtern bilden. Für homosexuelle weibliche Paare ist dabei auch die Nachwuchszeugung nicht ausgeschlossen. Für Krähen gilt allgemein, dass ihre oft lang anhaltenden Paarbeziehungen nicht gleichbedeutend sind mit einer ausschließlichen sexuellen Monogamie. So können durch Paarungen mit männlichen Nicht-Partnern auch homosexuelle Weibchen zu befruchteten Eiern und damit zu Dohlennachwuchs kommen.

Dem späten Lorenz dämmerten diese Unberechenbarkeiten im Paarungsverhalten von Tieren, die sich bei ihrer individuellen Partnerwahl gar nicht um die Arterhaltung oder so etwas wie Art- und Rassereinheit scheren, sondern schlicht nach Vorlieben wählen. Bruce Chatwin gibt in seinem Abori-

Ein Dohlenpaar vor seiner Bruthöhle.

Alpendohlen

gines-Roman *Traumpfade*, der im englischen Original unter dem Titel *The Songlines* 1987 erschienen ist, einen lebhaften Eindruck des alten Tierdenkers. Chatwin hatte Lorenz in Altenberg, einer Kleinstadt in der Nähe von Wien, besucht und einen *»knorpeligen Mann mit einem silbernen Spatenbart, eisblauen Augen und einem von der Sonne rosig gebrannten Gesicht«* getroffen. Sie hatten sich über Lorenz' Aggressions- und Territoriumstheorien unterhalten. Lorenz war im Gespräch immer wieder in die Ausdrucksbewegungen eines balzenden Buntbarsches oder einer unglücklichen Dohle verfallen und dabei zu diesen Tieren geworden. Deshalb hat Chatwin das kurze Portrait in seinen Roman eingefügt. In Australien hatte ihm ein Aborigine gerade das Lied des Eidechsenmannes vorgetanzt. In drei Minuten war der Tänzer dabei Männchen und Weibchen, Verführer und Verführte, er *»ließ seinen Hals zornig zu einem Kropf anschwellen, und schließlich, als es Zeit für ihn zum Sterben war, zuckte er und wand sich, bis seine Bewegungen immer kraftloser wurden, wie die des Sterbenden Schwans«*. Chatwin fiel dazu ein Mann ein, *»der eine nahezu identische Geschichte mimisch vorgeführt hatte, mit den gleichen Tierbewegungen«*. Dieser Mann war Lorenz.

Chatwin war nicht der erste, dem die Verbindung von Lorenz und den vorwissenschaftlichen Tierbeobachtern aufgefallen war. Der amerikanische Anthropologe und Mitbegründer von Kybernetik und Informationstheorie, Gregory Bateson, hatte ihn bereits 1979 in seinem Buch *Mind and Nature* (in der deutschen Übersetzung: *Geist und Natur. Eine notwendige Einheit*) als einen *»praktizierenden Totemiker«* identifiziert. Bateson kommt in seinem Portrait haargenau auf die gleichen Körperkrümmungen des Verhaltensforschers in seinen Tierdarstellungen zu sprechen wie Chatwin, betont aber gleichzeitig, dass Lorenz immer dann merkwürdig unanschaulich wurde, wenn er vom Einstein'schen Universum und vom Menschen allgemein sprach. Lorenz konnte keine Menschen zeichnen und glich darin den zahmen Dohlen in seinem Arbeitszimmer und Joseph Beuys, mit dem Lorenz bekannt war.

Für Bateson war das, was Lorenz in seinen Bewegungen rekapitulierte, das Bewegungs- und Ausdruckswissen des Lebendigen. Es war das Gegenteil vom dem, was wir heute tun, wenn wir *»ein wenig Naturgeschichte in die Kinder pumpen, und dazu ein wenig ›Kunst‹, auf dass sie ihre tierische und ökologische Natur sowie die Ästhetik des Lebendigseins vergessen, um zu guten Geschäftsleuten heranwachsen zu können«*, wie er schrieb.

Was Lorenz tat, heißt das auch, war kein Versuch mit der Natur oder Kreatur in einen Dialog zu treten, um die Beziehungen zwischen menschlichen und tierischen Gesellschaften zu lenken. Es war ein Abtauchen auf die andere Seite, und von da kam er zurück mit Berichten von der Ästhetik des Lebendigseins der tierischen Natur. Weil er Momente dieser Ästhetik auch in seine Prosa, seine wissenschaftlichen und populären

Texte retten konnte, verschaffte ihm der Bericht aus der Parallelwelt der tierischen Natur Eingang in Kunst, Philosophie und Literatur.

Es sind vor allem drei Werke, die in der Lorenz'schen Nachfolge dem Forscher zuhören und ihn zu Wort kommen lassen: Das Hauptwerk der französischen Philosophen Gilles Deleuze und Felix Guattari, *Tausend Plateaus*, das 1980 in Paris erschienen ist, der Katalog *Wahrheit ist Arbeit* der Künstler Werner Büttner, Martin Kippenberger und Albert Oehlen von 1984 und der Roman *Kaltenburg* von Marcel Beyer aus dem Jahr 2008. Man kann die Lorenz betreffenden Passagen in diesen Werken wie eine Trilogie lesen, die in angemessen langsamer Steigerung auf ein furioses Krähenfinale in den letzten Sätzen von Beyers Roman zuläuft.

Deleuze und Guattari beziehen sich vor allem in ihrem Kapitel *»Zum Ritornell«* auf Lorenz. Darin geht es um die Entdeckung, dass bei Tieren Territorien häufig ein Ausdrucksphänomen sind. Tiere markieren ihre Territorien durch Farben, die sie selbst tragen, oder durch Sound, durch Gesänge und Geräusche. Territorien sind im Konzept der Philosophen keine festgelegten Räume, die besetzt oder unbesetzt sein können, sondern bewegliche Strukturen, die erst durch die Bewegungen der Tiere erschaffen werden. Und wie beweglich die Territorien sind, das kann man gerade an Eichelhähern, Elstern und Raben- oder Nebelkrähen in Städten studieren. Zu einem Eichelhäherterritorium wird ein baumbestandener Hinterhof erst, wenn ein Eichelhäherpaar sich im Hinterhof niederlässt und da bleibt. Das tun sie dann aber auch unübersehbar. Im Herbst nutzen sie Blumenkübel auf Balkonen als Nahrungsspeicher für Eicheln und anderes, und die Menschen beobachten sie in ihren Wohnungen so genau, dass sie irgendwann auch wissen, wer, wann, wo auf den Balkon tritt, um zu rauchen. Sind es Elstern oder Krähen, die in der Nähe von Wohnungen ihre Territorien errichten, dann sind ihre Rufe oder Schreie nicht mehr zu überhören, gehören zu den Geräuschen der Umgebung wie der ganz normale Stadtlärm.

Der Punkt, oder besser: die Linien bei Deleuze und Guattari sind, dass sie in den klingenden oder leuchtenden Tiermarken der Territorien künstlerische Bewegungen erkennen, die sie nicht als Vorläufer der menschlichen Kunst ansehen, sondern als Parallelbewegungen. Im Verlauf dieser Bewegungen kann es zu Berührungen, Abstoßungen und Überschneidungen kommen, vielfältigen Beeinflussungen, zusammengesetzten Milieus und Rhythmen, die aber trotzdem nie ineinander aufgehen. Sie sind kein Parlament, das zusammen diskutiert, sondern bleiben getrennte Äußerungsformen. Sie konkurrieren nicht um den Inhalt, sie kämpfen, wenn sie rufen oder singen, nur um die Sendefrequenzen, so wie es nach Deleuze und Guattari auch Künstler tun. Die Vielfalt wird dann durch die Ausweichmanöver um die zentralen Plätze erschaffen.

An einem solchen Punkt der vielstimmigen Uneinigkeit lassen auch die Künstler Büttner/Kippenberger/Oehlen Konrad Lorenz in ihrem Katalog, der eines der bedeutendsten Werke der 80er-Jahre-Kunst ist, auftreten. Die drei können sich angesichts eines Hundes nicht einigen, welche Promenadenmischung der Hund ist: Pudel und Schäferhund, Pudel und Rottweiler oder Pudel und Dackel. In dem Moment tritt Professor Lorenz aus dem Gebüsch und unterbricht den Streit mit den

Worten: *»Die Gestaltwahrnehmung, meine Herren, hat ihre Schwächen und Stärken.«* Lorenz' Vortrag zur Gestaltwahrnehmung, der bis heute Gültigkeit beanspruchen kann, unterbricht dann nicht nur den Streit unter den Künstlern, er widersetzt sich auch der Ironie und dem Hang zum Kalauer, die den Katalog durchziehen. Eine der Schwächen der Gestaltwahrnehmung liegt nämlich in ihrer Empfindlichkeit gegenüber der Selbstbeobachtung. Lorenz erklärt das so: *»Sowie man auch nur seine Aufmerksamkeit auf ihre Funktion richtet, ist diese erheblich gestört. ... In meiner Heimat gibt es im Sommer nur Rabenkrähen und keine Saatkrähen. Die erste Saatkrähe, die ich bei Beginn des Herbstdurchzugs fliegen sah, fiel mir stets augenblicklich als solche auf, niemals verwechselte ich dabei die nur in winzigsten Proportions-Einzelheiten verschiedenen Flugbilder von Saatkrähe und Rabenkrähe.«* Stets hatte Lorenz die richtige Zuordnung getroffen. *»Dagegen ergab der bewusst angestellte Versuch die Flugbilder zu unterscheiden, eine rein zufallsmäßige Verteilung meiner Aussagen. Das rational gesteuerte Beachten wahrgenommener Einzelheiten stört offenbar das Gleichgewicht, das zwischen ihnen herrschen muss, wenn sie sich zu einer ganzheitlichen Gestalt zusammenfinden sollen. Dies beeinträchtigt leider die wissenschaftliche Verwendbarkeit der Gestaltwahrnehmung ganz erheblich«*, schließt Lorenz seinen Vortrag und gibt selbst die beste Erklärung der Abwanderung seiner Beobachtungen aus der Wissenschaft in die Kunst in unserer Zeit.

Erstaunlich ist der Vorgang aber nicht mehr, wenn man der Erzählung von Marcel Beyers Roman *Kaltenburg* folgt. Der Tierforscher Ludwig Kaltenburg, der als alter Mann in seinem

Dohlen

Haus in Niederösterreich vor seinem Kamin auf die Rückkehr seiner geliebten Dohlen wartet, ist ohne große Verschlüsselung Konrad Lorenz nachgezeichnet. Beyer hat lediglich die Namensinitialen vertauscht – aus K.L. wird L.K. – und hat Kaltenburg nach der Nazizeit im Unterschied zu Lorenz, der nach Westdeutschland geht und einer der Direktoren des Max-Planck-Instituts für Verhaltensphysiologie in Seewiesen wird, in die DDR gehen lassen. Beyer entwirft in seinem Roman eine Art Schlüsselszene der Kultur der alten BRD unter Beobachtung einer Dohle in Kaltenburgs Arbeitszimmer in der DDR. Dort treffen eines Abends der Tierfilmer Knut Sieverding, der Heinz Sielmann nachempfunden ist, und der Künstler Martin Spengler, der im wirklichen Leben Joseph Beuys war, aufeinander. Der Hintergrund der Geschichte ist, dass sich Lorenz, Sielmann und Beuys tatsächlich kannten, sie hatten sich wahrscheinlich in den letzten Jahren des Zweiten Weltkriegs an der Ostfront kennengelernt. Während Spengler-Beuys an diesem Abend von seinem Absturz im Krieg auf der Krim und seine Rettung durch die Tartaren erzählt, turnt die ganze Zeit Kaltenburgs zahme Dohle mit Namen Tachotschek zwischen den Redenden herum. Tachotschek öffnet eine Blechdose, schließt sie, öffnet sie wieder und fordert die Abendrunde auf, Bleistifte oder Radiergummis zu verstecken, damit sie was zu spielen hat. Das geschieht nur gestisch, die Dohle redet nicht, aber sie wird verstanden. Beyer gelingt es in diesem kurzen Moment, wie beiläufig das Wesen der Dohlen einzufangen. In diesem Moment im Arbeitszimmer von Ludwig Kaltenburg wirken der neue Tierfilm, den Sielmann begründete, und die Kunst der Bundesrepublik, die Joseph Beuys maßgeblich geprägt hat, genauso von der Dohle inspiriert, wie sie auch Lorenz' Forschungen beeinflusste.

Beyer geht aber noch über diese Szene hinaus und lässt als Ausblick seines Romans das Wissen des namenlosen Vogels im Krähenschwarm aufscheinen. Das Weltwissen der Zoologen ist für ihn über Lorenz zum Textwissen geworden. Es ist die Wissenschaftsgeschichte, die ihn affiziert und Lorenz bietet da nicht nur wegen seiner immensen Wirkung einen in die Zukunft weisenden Stoff. Lorenz bot bei einer zumindest äußerlich engen Begriffsbindung – etwa wenn es um den Trieb und das allgemeine Aggressionspotenzial von Lebewesen ging – die Möglichkeit, im Spiel die Tiere dem Determinismus ausweichen zu lassen und neue Räume zu erkunden. Lorenz hatte nicht nur von den Furienkämpfen von Stichlingen und Kampffischen erzählt, sondern auch von mit dem Wind spielenden Dohlen.

Unter der Überschrift *»Die zeitlosen Gesellen«* beschreibt Lorenz das Spiel der Dohlen:

»Der Frühlingssturm singt im Rauchfang, und die alten Fichten vorm Fenster meines Arbeitszimmers winken aufgeregt mit ihren Armen und rauschen. Und plötzlich schießen von oben her ein Dutzend schwarze, tropfen- oder stromlinienförmige Projektile in das Stück Wolkenhimmel, das im Rahmen meines Fensters steht. Schwer wie Steine fallen sie herab, fallen bis dicht über die Wipfel der Bäume, erhalten unversehens große schwarze Flügel, werden Vögel, leichte Federwische, die der Sturm packt, emporreißt und aus meinem Gesichtsfeld fegt.

Ich trete ans Fenster, um das einzigartige Spiel zu sehen, das die Dohlen mit dem Sturme spielen.

Spiel? Ja, Spiel im engsten Sinne des Wortes: gekonnte Bewegung, die um ihrer selbst willen, nicht aber im Dienste einer Zweckstrebung ausgeführt und genossen wird. Wohlgemerkt: erlernte Bewegung, nicht instinktmäßig angeborene! Denn gerade das, was die Vögel hier üben, die Ausnutzung des Windes, die exakte Abschätzung der Entfernungen, vor allem aber die Kenntnis der lokalen Windverhältnisse und aller Stellen, an denen bei gerade dieser Windrichtung Aufwinde, Luftlöcher oder Wirbel sind, all dies ist nicht ererbtes Gut, sondern individuell erworbenes.«

In dieser Passage von Lorenz scheint eine Formation des Tierwissens auf, die Beyer zu Beginn des 21. Jahrhunderts ohne den Ballast der Vergangenheit die Auflösung alter Grenzziehungen zwischen den Arten möglich erscheinen lässt. *»Aberhunderte Saatkrähen werden gemeinsam mit den Rabenkrähen, Nebelkrähen, Dohlen riesige Vogelwolken bilden, die über uns pulsieren, an den Rändern ausfransen und sich erneut zu schwarzen Flecken zusammenziehen«*, heißt es im letzten Satz von Beyers Roman *Kaltenburg*.

Hitchcock und die bösen Krähen

Während sich Melanie Daniels auf eine Bank vor der Bodega Bay School setzt, um eine Zigarette zu rauchen, landet eine Krähe auf einem Spielgerüst auf dem Schulhof hinter ihrem Rücken. Im nächsten Moment sind es schon vier Krähen, dann fünf und immer mehr, bis sie so eng sitzen, dass der ganze Schulhof vom Krähenschwarm besetzt ist. Melanie ist das unheimlich, sie hastet in die Schule und bittet die Lehrerin, die Schulkinder in Sicherheit zu bringen. Als die Kinder dann in Reihen organisiert sind, um geordnet aus der Schule vor den Vögeln zu fliehen, flattern die Krähen im Schwarm auf und greifen die rennenden Kinder im Senkflug an. Die Krähen zerren den Kindern an den Haaren, hacken in ihre Nacken und treiben sie immer schneller vor sich her.

Auf eine Art ist Alfred Hitchcocks Film *Die Vögel* für Krähen das, was Steven Spielbergs *Der weiße Hai* für Haie ist: Die populäre Konnotation dieser Tiere mit dem Bösen. Den stärksten Ausdruck der Nachwirkung von Hitchcocks Deutung der Krähen als das Böse findet man in Salman Rushdies Autobiographie *Joseph Anton. »Die erste Krähe«* hat Rushdie den Prolog überschrieben und beginnt sein Buch so: *»Hinterher, als die Welt um ihn herum explodierte und die todbringenden Krähen sich im Schulhof auf dem Klettergerüst versammelten, wurmte es ihn, dass er den Namen der BBC-Reporterin vergessen hatte, die ihm sagte, sein altes Leben sei vorbei, für ihn beginne eine neue, eine dunklere Existenz.«*

Alfred Hitchcock Die Vögel: *Der Schulhof einer nordkalifornischen Kleinstadt ist ganz von Krähen besetzt.*

Die todbringenden Krähen sind die Krähen, die in Hitchcocks Film, erst einzeln und dann immer zahlreicher werdend, auf den Schulhof einer nordkalifornischen Kleinstadt einfliegen. Bei Rushdie aber ist der Tag der ersten Krähe der 14. Februar 1989, der Tag, an dem er von der Fatwa erfuhr, dem islamischen Todesurteil, die Ayatollah Khomeini gegen ihn verhängt hatte. An diesem Tag war Rushdie in England einer der Gäste einer Trauerfeier für Bruce Chatwin, der kurz zuvor an Aids gestorben war. Die *»erste Krähe«* ist für Rushdie Khomeini und die abertausend, die folgen und den Himmel verdecken *»wie in einer ägyptischen Plage«*, sind die Gefolgsleute des Ayatollah, die Jagd auf den Schriftsteller machen.

Rushdie ist damit, was die Krähen betrifft, im Westen angekommen. Von den asiatischen Gründungsmythen, die die Krähen auch in Bombay, wo Rushdie seine frühe Jugend verbrachte, als Schöpfungs-, Weisheits- und Glücksvogel verehren, ist keine Spur mehr vorhanden. Krähen sind bei ihm die bösen Todesvögel geworden, die in dieser Rigorosität nur der Westen aus ihnen macht. Und auch Hitchcocks Film bewegt sich in dieser Tradition.

Merkwürdig bleibt die einseitige Verdichtung des *»bösen Objekts«* (Slavoj Žižek) auf die Krähen aber dennoch. In Hitchcocks Film sind es drei verschiedene Vogelformen – Spatzen, Möwen und Krähen –, die sich zum Angriff auf die Menschen formieren. Den ökologischen Interpreten ist das auch immer aufgefallen. Slavoj Žižek bringt das in seiner Antwort auf die Frage, warum die Vögel angreifen, auf die Formel: *»Vögel aller Länder, vereinigt Euch!«* In der ökologischen Lesart haben die Vögel von der rücksichtslosen Ausbeutung der Natur durch die Menschen einfach die Nase voll und schreiten zum Gegenangriff. Dieser Interpretation entsprechen zum Beispiel die Schlussszenen des Films. Am Ende sehen die Vögel mit ihrem allseitigen Überblick seelenruhig der Abreise der vaterlosen Familie zu. Hitchcock verkehrt den normalen Ablauf im Kampf zwischen Gesellschaft und Natur, in dem sonst immer die Tiere weichen müssen. Er schließt sich damit dem Muster von Ökoaktivisten und Umkehrdenkern wie Elias Canetti an, die die 60er- und 70er-Jahre hindurch den Traum vom siegreichen Rückschlag der Natur und der Niederlage der Menschen träumten.

Von Bedeutung bleibt aber, dass die Vögel bei Hitchcock kein Symbol sind, sie sind real sie selbst. Er zeigt zuviel von ihrem Eigenleben und gibt ihren Bewegungen in wunderbaren Portrait- und Flugbildern zu viel Platz. In einem langen Gespräch mit François Truffaut, auf dessen Buchumschlag in der deutschen Taschenbuchausgabe ein Foto von Hitchcock mit einem schwätzenden Raben auf dem Arm abgedruckt ist, erzählt Hitchcock von seinen Quellen. Inspiriert hatten ihn unter anderem Zeitungsberichte über Raben, die Lämmer angreifen, und Berichte, nach denen sie Tierkadavern und Menschenleichen die Augen aushacken. Beides, der Angriff auf Lämmer wie der Verzehr der Augen von Kadavern, sind Geschichten, die den Krähen, seit es Zeitungen gibt, angedichtet werden. Richtig daran ist, dass sie bei toten Körpern tatsächlich zuerst die Augen fressen, wenn der Körper ansonsten unverletzt ist. Krähen können noch nicht einmal bei toten Eichhörnchen mit ihrem Schnabel oder ihren Füßen das Fell aufreißen, geschweige denn bei größeren Tieren wie Rehen oder Hirschen.

Ihnen fehlen die Greiffüße und der Hack- und Reißschnabel der Greifvögel. Deshalb widmen sie sich zuerst den Augen oder den Analöffnungen. Darüber versuchen sie ins Innere des Aases zu gelangen. Aus ihrer Unfähigkeit, das Fell von Tieren aufzuschließen, resultiert auch ihre Kooperation mit Wölfen und Kojoten. Die Krähen führen Kojoten oder Wölfe zu verendeten Hirschen, Rehen oder Schafen, weil diese ihnen helfen, das Innere der Kadaver freizulegen. Und auch wenn sich Kojoten zuerst selbst bedienen, bleibt für Krähen zumal im Winter immer noch mehr Nahrung, als wenn sie warten müssten, bis Aaswürmer die Körper geöffnet haben. Im Mittelalter war es für Menschen allerdings bestimmt kein schöner Anblick, krächzende Krähen an augenlosen Dieben zu sehen, die man zur Abschreckung im Wald oder am Dorfrand aufgehängt hatte. Insofern haben die Schreckgeschichten um die augenverzehrenden Vögel ihren realen Grund, wie auch der augenlose, tote Farmer in Hitchcocks Film. Nur waren es natürlich nicht die Krähen, die Diebe oder andere Delinquenten öffentlich aufgehängt haben. Ihren Ruf als Galgenvögel haben sie jedenfalls aus dieser Zeit. Wie weit der ihnen nachhängt, darauf hat der Künstler Mark Dion 1999 in seiner Arbeit *Galgenvogel* hingewiesen. Dion hat dafür eine Lockvogelkrähe aus Plastik aus dem Jagdbedarf, die man auch in deutschen Städten wie Witten oder in Berlin in der Yorckstraße über einer Table-Dance-Bar zu Abschreckungszwecken für was auch immer auf Fensterbänken findet, mit Bitumen überstrichen. Seine Krähe erinnert an Ölunglücke und überträgt den Begriff ›Galgenvogel‹ von den Krähen auf die Verursacher der Katastrophen.

Die Geschichten um die Augen zeigen aber auch, warum es

Im Flug schreiende Krähe, Anfang des 20. Jahrhunderts gezeichnet.

Unsinn ist, Krähen zu unterstellen, lebendige, gesunde Schafe oder Lämmer anzugreifen. Warum sollten sie das tun, wenn sie noch nicht einmal in der Lage sind, bei toten Tieren ans innere Fleisch zu gelangen? Es gibt keinen Anlass dafür. Krähen beobachten zwar kranke Tiere sehr genau und folgen ihnen, wenn die Kranken dann aber bewegungslos geworden sind, nähern sie sich ihnen sehr vorsichtig. In der Regel zupfen sie erst mit dem Schnabel am Fell und springen dann gleich wieder zurück, um sich noch einmal ganz langsam anzunähern. In diesen Bewegungen gleichen sie Geiern. Mit Geiern teilen sie auch das Schicksal des Wandels ihrer Wertschätzung in europäischen Gesellschaften. Bis ins ausgehende Mittelalter waren sie nicht nur geduldet, sondern geschätzt. Krähen folgten den umherziehenden Schafherden, beseitigten verendete Alttiere, totgeborene Junge, die Nachgeburt oder nur die Reste vom Essen der Schäfer. Elstern und Krähen waren außerdem

Tiefdrohen der Alpendohlen. Größere Futterbrocken und Trinkplätze im Winter werden mit schützend über das begehrte Objekt ausgebreitetem Großgefieder tiefdrohend verteidigt.

ständige Bewohner der Städte. Die Bevölkerung unterließ es nicht, sie in Dienst zu nehmen. Auf dem ›Schindanger‹ abgelegte tierische Kadaver und Abfälle warteten geradezu auf Krähen und andere Aasfresser wie Geier als Entsorger. Als Reinigungskräfte waren sie willkommen, blieben aber mit dem Tod verbunden. Das änderte sich mit der sich verbessernden Hygiene in den Städten und der sich langsam intensivierenden Landwirtschaft. Die Krähen waren noch da, aber sie hatten ihre Funktion als Stadtreiniger verloren. In dieser Zeit beginnt ihre Umdeutung vom Reiniger zum Ungeziefer. Das war ein Prozess, der sich nicht überall gleichzeitig vollzog.

Für London aber kann man ein Datum angeben. Im September 1666 brach in einer Bäckerei in der Nähe der London Bridge ein Feuer aus, das auf die umliegenden Häuser übergriff, eine Woche lang in dem Viertel wütete und mehr als 13 000 Häuser zerstörte. Die Behörden schafften es in der Zeit nicht, die Leichen der Feueropfer rechtzeitig aus der Stadt zu bringen. So bot sich den Überlebenden ein Horrorszenario – die damals zahlreichen Krähen und Kolkraben hackten und pickten und zerrten an den Menschenleichen herum. In der Folge erzwangen die Einwohner Londons eine vollständige Vertreibung der Krähen, Zehntausende wurden getötet, ihre Nester zerstört. Nur König Charles II. mochte dem Vernichtungsdrang nicht folgen. Ein Wahrsager hatte Charles prognostiziert, dass das Königreich großen Schaden nehmen und der Palast zu Staub zerfallen würde, wenn er alle Raben aus dem Tower entfernte. Das gab dem König zu denken, und so verfügte er, dass sechs Raben im Tower zu halten seien, und ernannte einen Wärter für die Vögel. Den Wärter, den Yeoman Raven Master, wie er offiziell heißt, gibt es ebenso wie die Raben bis heute. Sechs, zeitweise acht Raben werden im Tower liebevoll gepflegt und dürfen mit ihren gestutzten Flügeln auch auf dem Gras herumspringen. Wenn ein Rabe stirbt, wird er im Burggraben beerdigt und sein Name in den Büchern festgehalten.

Für den amerikanischen Literaturwissenschaftler und Krähenmythenspezialisten Boria Sax beginnt im September 1666 die Krähenmoderne. Zu den Zeichen der Krähenmoderne gehört die tiefe Ambivalenz zwischen der scheinbar rationalen Verfolgung der Vögel zum Schutz von Land- und Jagdwirtschaft und der oft mythengespeisten Zuneigung, die man den Tieren entgegenbringt. Wobei die alten Mythen in der Moderne in verschiedenen Linien fortleben, die einem Darwin'schen Abstammungsliniengestrüpp gleichen. In manchen Fällen werden sie ohne Abzweigung oder Abbruch durchgehalten, in anderen tauchen sie in gewandelter Form immer wieder auf – wie Hitchcocks Todeskrähen.

Ein Beispiel für eine unveränderte Fortschreibung findet sich bei dem germanischen Mythos der Raben als Götterboten. Der Germanengott Wotan besaß zwei Raben, Hugin und Munin, die links und rechts auf seinen Schultern saßen. Der eine, Hugin, stand für den Gedanken, der andere, Munin, für das Gedächtnis. In der Dämmerung schickte Wotan die Vögel bis ans Ende der Welt, damit sie ihm nach ihrer Rückkehr berichten konnten, was die Menschen in der Welt um- und antreibt. Nachts kamen sie zurück, erstatteten Bericht und ersparten Wotan so den eigenen Gang in die Menschenwelt. In Richard Wagners Götterdämmerung tauchen sie dann unverändert in genau dieser Botenfunktion auf. Waltraute verkündet im ersten Aufzug der Oper:

Seiner Raben beide
sandt' er auf die Reise:
kehrten die einst
mit guter Kunde zurück,
dann noch einmal
– zum letzten Mal –
lächelte ewig der Gott.

Und am Ende, im dritten Aufzug, erzählt Brünhilde von der Rückkehr der Raben und fordert sie auf:

Fliegt heim, ihr Raben!
Raunt es Eurem Herrn,
was hier am Rhein ihr gehört!
…

Denn der Götter Ende
Dämmert nun auf:
so – werf ich den Brand
in Walhalls prangende Burg.

Aber auch der Botendienst, der sich bei Wagner so rund fügt wie in den nordischen Sagen, blieb in anderen Strängen der Rabenerzählung nicht ohne negativen Beigeschmack. Als Anfang 2012 im Vatikan nach dem Verräter gesucht wurde, der vertrauliche Mitteilungen aus den päpstlichen Akten stahl und an die Öffentlichkeit trug, hieß es überall nur, man suche intensiv nach dem »*Raben*«. Und als eine der undichten Stellen gefunden war, titelte die FAZ: »*Paoletto ist der ›Rabe‹*«. Die Anführungszeichen schafften zwar ironische Distanz, das Misstrauen in der Metapher bleibt aber meistens doch an den Vögeln hängen und nicht an den Sekretären im Vatikan.

Oft ist es der metaphorische Subtext, der ein noch so gutes Bild vergiftet. Man kann es an zwei Bildern von Caspar David Friedrich sehen: Dem *Chasseur im Walde* von 1813/14 und *Hügel und Felder bei Dresden* von 1824/25. Die Krähen auf dem Bild mit den Hügeln und kahlen Bäumen und den städtischen Häusern im Hintergrund sind ganz bei sich. Es sind Krähen, die von den offenen Ackerlandschaften und städtischen Siedlungen profitieren, wie im wirklichen Leben auch. Zudem malt Friedrich sie weder als Bedrohung der Stimmung noch der Äcker. Auf diesem Bild sind die Krähen einfach nur da. Das ist beim *Chasseur im Walde* anders. Der napoleonische Soldat ist umzingelt von Nadelbäumen, die streng soldatisch in Reihe stehen. Im Vordergrund des Bildes sitzt auf einem abgesägten

Caspar David Friedrich, Der Rabenbaum, *um 1822. Die im Baum sitzenden Krähen erwarten den dezent anfliegenden Schwarm.*

Baumstumpf eine Krähe, der Todesvogel der Franzosen. Wenn man weiß, dass die heftigen Aufforstungen zu Beginn des 19. Jahrhunderts in Deutschland entschieden auch als mehr oder weniger stiller Widerstand gegen Frankreich angesehen wurden, dann wird der Rabe mit dem Wald auf diesem Bild zur akuten Todesdrohung durch die Metapher, und das ist weder schön noch romantisch. Was aber nicht heißen soll, dass nicht auch Friedrich Bilder geschaffen hat, die Stimmungen einfangen, die besonders in nördlichen Gegenden durch Krähen, wenn nicht hervorgerufen, so doch verstärkt werden. Friedrichs Bild *Rabenbaum* von 1822 fängt die Melancholie, die sich um die Schwärme der ziehenden Herbst- und Winterkrähen einstellen kann, so dezent ein, dass selbst der Lärm, den die Vögel in großen Mengen machen, verschwindet. Die Krähen dominieren das Bild nicht, einige sitzen im Baum, andere landen gerade, während die Mehrzahl sich vom Himmel aus nähert. Mit einer ägyptischen Plage hat der Schwarm auf diesem Bild nichts gemein. Der Schwarm strahlt eine abendliche Ruhe aus, die auch bei Hitchcock zum Ende seines Films aufscheint.

Als der Anwalt Mitch Brenner, nachdem die heftigsten Kämpfe vorüber sind, sich im Dunkeln vorsichtig einen Weg durch Krähen und Möwen zu seinem Autoradio bahnt, sitzen die Vögel nebeneinander, wie sie es im Dunkeln immer tun: Manche sind ruhig, andere schütteln ihr Gefieder und eine Krähe fliegt kurz auf, um den Platz zu wechseln. Und während die Menschen mit dem Auto durch die Vögel hindurch abfahren, verfallen Krähen und Möwen in jenen Sound, für den es im Englischen das schöne Wort *dusk chorus* gibt. Auf seine Art liefert Hitchcock in diesen letzten Einstellungen den Ton zu Caspar David Friedrichs *Rabenbaum*.

Die zweite Natur

Es ist eine Landschaft, wie sie Krähen lieben: ein einstmals intensiv bewirtschaftetes Brachland mit halbhohen Gräsern und einem sehr lichten Baumbestand. Guy Ben-Ners Videofilm *Second Nature* beginnt mit einer gefesselten Krähe. Auf einer brachliegenden Wiese mit hohem Gras versuchen ein Mann und eine Frau eine Krähe auf dem Ast eines alten, blattlosen Baumes zu platzieren. Der Ast befindet sich oberhalb der Köpfe der beiden Menschen und die Krähe trägt eine Fußfessel mit einer Leine dran. Die Krähe plustert sich auf, schlägt mit den Flügeln und krächzt. Sie wehrt sich dagegen, an den Ast gebunden zu werden. Die Kamera zoomt an die Krähe heran, bis der Bildausschnitt nur noch ihr Portrait von unten zeigt, wie sie sich reckt und kräht. Im Hintergrund erkennt man viele Krähen am Himmel, die durcheinanderfliegen, wie es für die Herbst- und Winterschwärme der Krähen typisch ist. Die Frau und der Mann füttern währenddessen die Krähe mit Käse, die dazu so ruhig und einsilbig freudig kräht, wie es Krähen im Herbst und Winter tun. Am Boden vor dem Baum steht ein Plastiktiertransportkäfig, in dem ein Fuchs auf seinen Einsatz wartet. Sobald der Fuchs freigelassen wird, läuft er um den Baum und gehorcht nicht sofort. In die Bewegungen spricht der Mann unter anderem den Satz: *»Even if you change your habits, your nature will not alter«* (Selbst wenn Du Deine Gewohnheiten änderst, wird sich Deine Natur nicht verändern).

Die Krähe sitzt dabei auf dem Ast und der Fuchs rennt umher. Mal ist er im Bild, mal nicht.

Dann schwenkt die Kamera auf Guy Ben-Ner, den Regisseur, der neben einer Frau, die eine Mikrofonstange hält, Anweisungen in Versform gibt. Anweisungen, die der Mann und die Frau an Fuchs und Krähe weitergeben sollen, ohne dass die Tiere daraus irgendwelche Konsequenzen für ihr Spiel ziehen. Sie bleiben so unkonzentriert, wie sie es am Anfang waren, und so zeigt der Film, der zehneinhalb Minuten lang ist, die eigenwilligste Interpretation von La Fontaines Fabel *Der Rabe und der Fuchs*, die bisher gedreht worden ist.

Die Fabel sei hier auch wegen ihrer immensen Wirkung noch einmal in Erinnerung gerufen:

Herr Rabe auf dem Baume hockt,
Im Schnabel einen Käs
Herr Fuchs, vom Dufte angelockt,
Ruft seinem Witz gemäß:
»Ah, Herr Baron von Rabe,
Wie hübsch Ihr seid, wie stolz Ihr seid!
Entspricht auch des Gesanges Gabe
Dem schönen schwarzen Feierkleid,
Seid Ihr der Phönix-Vogel unter allen!«
Der Rabe hört's mit höchstem Wohlgefallen,
Lässt gleich auch seine schöne Stimme schallen.
Da rollt aus dem Rabenschnabel der Fraß
Dem Fuchs ins Maul, der unten saß.
Der lachte: »Dank für die Bescherung!
Von mir nimm dafür die Belehrung:

Ein Schmeichler lebt von dem, der auf ihn hört.
Die Lehre ist gewiss den Käse wert.«
Der Rabe saß verdutzt und schwor:
Das käm ihm nicht noch einmal vor.

In Ben-Ners Bearbeitung sind von dem Stoff nicht viel mehr als eine wirkliche Krähe, der Käse und der wirkliche Fuchs übriggeblieben. Sein Film ist zu einem wirklich unromantischen Bericht vom Umgang mit Tieren geworden. Weil er den Film 2008 für die Biennale in Liverpool gedreht hat, standen ihm in England viele Türen offen. Ben-Ner hat landesweit nach Filmtieren und Trainern gesucht. Bei der Krähe ist er auf eine Berühmtheit gestoßen. Sie hat im dritten Teil von *Harry Potter* mitgespielt, ist also sogar weltberühmt. Für seinen Film nutzte ihre Routine aber auch nichts, Filmkrähen bleiben so launisch wie ihre wilden Artgenossen und lassen sich nicht alles sagen, selbst wenn sie gezähmt sind.

Second Nature steht aber neben der Verfilmung der misslingenden Praxis des Tiertrainings noch für eine allgemeinere Tendenz: Nämlich für den Einbruch des wirklichen Tieres in die Fabel.

Fabeln wie sie Äsop, von dem es eine gleichlautende Version von *Der Rabe und der Fuchs* gibt, und La Fontaine geschrieben haben, interessieren sich im Unterschied zu Mythen nicht für die Natur der Tiere. Äsop, der um 600 vor Christus in Griechenland lebte, gilt als Erfinder der Fabeln. Deshalb trägt die ganze Richtung ihren Namen. Die ›Äsopierung der Natur‹ beruht darauf, dass Fabeldichter sich Tiere greifen, um menschliche Eigenschaften und Probleme in Tiergestalt zu kleiden.

Alpenkrähe in britischer Küstenlandschaft, dem neben den Alpen zweiten Lebensraum der Vögel.

Wie die Tiere tatsächlich sind, interessiert sie nicht. Was BenNer aber zeigt, ist, dass schon die Erwähnung eines Tieres in einer Fabel einen Weg zurück zum Tier offenlässt, wenn man sie wörtlich nimmt. Fabeln müssen nicht zwangsläufig zu einem Missverständnis vom Tier führen. Im Film ist der Unterschied zwischen der eitlen Krähe in der Fabel und den Krähen am Himmel in der Filmkrähe aufgehoben.

Ein Weg, den ein anderer Krähenvogel aus Äsops Tierreich in einem politisch wesentlich brisanteren Zusammenhang zurückgelegt hat. Es ist der Weg von Äsops Dohle, die ein Pfau sein wollte, über Jim Crow, eine zentrale Figur der Minstrel Shows in den USA des 19. Jahrhunderts, und der Affirmation der Krähe nicht nur im amerikanischen HipHop. Äsops Fabel erzählt von einer Dohle, die bunte Federn trug, weil sie als Pfau erscheinen wollte. Erfolg hatte sie damit nicht, die Dohle wurde über die Jahrhunderte, in der die Fabel immer wieder erzählt wurde, zum Symbol für Leute, die sich aus ihrer sozialen Schicht herausheben wollen. Die Moral der Fabel war eindeutig und könnte übersetzt werden mit: Schuster bleib bei deinem Leisten. Ein Ratschlag, der wenig emanzipatorisches Potenzial in sich trägt, und auch deshalb taugte Äsops Dohle als Vorbild für Jim Crow.

Jim Crow verkörperte in den Minstrel Shows den verarmten Sklaven aus den Südstaaten, der aus einer vorindustriellen Welt kam und in den sich industrialisierenden USA den lustigen Deppen gab. Gespielt wurde Crow in den Minstrel Shows immer von Weißen, die sich das Gesicht schwarz angemalt hatten, die klassische Form des ›Blackfacing‹. Beliebt waren die Shows in den Jahren zwischen 1840 und 1870 vor allem bei weißen Arbeitern in den Industriezentren der USA. Die gesamten Ensembles bestanden aus schwarz angemalten weißen Schauspielern in dunklen dichten Lockenperücken, die Banjo spielend den Schwarzen gaben. Man hat die Minstrel Shows lange als ein von Rassismen durchsetztes Spiel der weißen Arbeiter interpretiert, in dem sie einerseits ihre geheimen, verbotenen Wünsche im schwarzen Gewand aufführen konnten. Andererseits sich aber über die Schwarzen erhoben, indem sie Jim Crow als Landei ohne Verständnis für die modernen Zeiten vorführten, als steckengeblieben im Stadium der Vorzivilisation.

Das änderte sich allerdings radikal durch die Schule des amerikanischen Historikers Alexander Saxton. Saxton war ein radikaler amerikanischer Arbeiterführer, bis er zum Geschichtsprofessor wurde und bis zu seiner Emeritierung 1990 an der University of California in Los Angeles lehrte. Saxton war einer der ersten Historiker, der sich in den USA mit der spezifischen Geschichte verschiedener Minderheiten befasste. Er gilt als Begründer der Asian American Studies. In seiner Schule begann eine Umdeutung der Figur des Jim Crow zu einer Identifikationsfläche für die verborgenen Gleichheitsvorstellungen weißer wie schwarzer Arbeiter. Und in diesem Fall erwiesen sich Krähen oder Raben als brauchbare Vehikel, wie es schon bei den Indianern im *Ghost Dance* der Fall war. Einen nicht unbedeutenden Zwischenschritt auf dem Weg der Emanzipation über die Krähe lieferte das amerikanische, von Weißen dominierte Militär.

Um im Vietnamkrieg die Rassenkonflikte innerhalb der US-Armee zu entschärfen, hatten die Militärs angefangen, ras-

Eines der letzten Bilder Vincent van Goghs, das Weizenfeld mit Raben *oder* Krähen über dem Kornfeld, *enstand wahrscheinlich 1890. Über dem meerhaft wogenden Weizen fliegen die Krähen wie selbstverständlich in den Himmel.*

sisch homogene schwarze Einheiten zusammenzustellen. Diese Einheiten nannten sie inoffiziell aber offen ›Krähen-Einheiten‹. Und von den Krähen-Einheiten war es dann nur noch ein kleiner Schritt zur Affirmation der eigenen Leute als Krähen, wie die Rückkehr Jim Crows nicht nur in die HipHop-Communities zeigt.

In Amerika war das Krähenbild allerdings seit Edgar Allan Poes Gedicht *The Raven*, das heute jedes Schulkind kennt, kulturell bis in die Hochkultur günstig vorbereitet worden. Poe hat in einem Essay detailliert darüber Auskunft gegeben, wie er auf den Raben kam. Er wollte, das wusste er von Anfang an, einen Vogel im Gedicht haben, der immer nur ein Wort sagt. »*Quoth the raven, ›Nevermore‹*«, lautet die berühmte Zeile. Zuerst hatte Poe dabei an einen Papageien gedacht. Den Papageien hat er aber verworfen, nachdem ihm klar geworden war, dass die bunten Federn und die Gesten den Ernst aus dem Bild der tiefen Melancholie nahmen, die nur ein Rabe verkörpern konnte. Poe war der erste Dichter des 19. Jahrhunderts, der den Raben als ernstzunehmendes Eigenwesen mit Humor in die Literatur einführte. Die Wirkung dieses Raben reichte dann bis in die Avantgardebewegungen des 20. Jahrhunderts. Antonin Artaud kommt in seinem großen Essay zu *Van Gogh, der Selbstmörder durch die Gesellschaft*, im Postkriptum auf van Goghs Krähenbild zu sprechen. »*Aber da sind van Goghs Krähen*«, schreibt er, »*die zu mehr Anstand veranlassen, ich meine, zu weniger Spiritualität*«. Das Bild, auf das er sich bezieht, ist eines der letzten Bilder van Goghs, das eine Schar Krähen über einem wogenden Kornfeld zeigt. Für Artaud kommt die tiefe Trauer des Bildes aus der Pracht, in der van Gogh die Krähen zeigt. Traurig ist es, weil van Gogh diese Pracht offensichtlich für sein Leben nicht mehr aufbringen konnte. Was bleibt, sind diese Krähen, zu denen Poe, Artaud und andere alles gesagt haben.

Blauhäher
Cyanocitta cristata

Blue Jay
Geai bleu

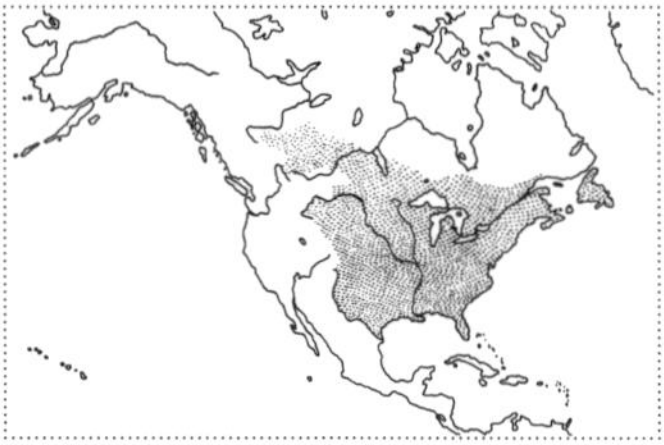

Die kleinen, ungefähr sechsundzwanzig Zentimeter langen Blauhäher sind unter den Hähern der Neuen Welt so etwas wie die Einzelgänger. Nur während der Paarungs- und Brutzeit leben sie in Paaren zusammen. In dieser Zeit sind die sonst sehr lauten und lebhaften Vögel äußerst scheu und scheinen ihre Laute nur für die interne Kommunikation auf leise gestimmt zu haben. Dabei sind sie gegen jeden Eindringling in ihr Revier äußerst aggressiv. Die Aggressivität legen sie aber auch dann nicht mehr ab, wenn sie nach der Jungenaufzucht wieder zu Einzelgängern werden. Die Berichte von Blauhähern, die in Parks oder Gärten Katzen, Opossums oder Habichte angreifen, sind Legende und vielleicht einer der Gründe, warum sie so beliebt sind. Erregung zeigt sich bei ihnen dadurch, dass sie ihre Kopffedern aufstellen, laute und harmonische *»Jeers«* äußern und sich hektisch bewegen. Ihre Fähigkeit, Laute anderer Arten nachzuahmen, scheint sie völlig auf ihre Feinde konzentriert zu haben. Sie imitieren die Rufe verschiedener Greife und schreien sie bei deren Erscheinen geradezu unaufhörlich heraus. Dadurch warnen sie viele andere kleine Vögel und täuschen Menschen. Ihre Rufe sind so genau in der Nachahmung, dass es wirklich unmöglich ist, sie zu unterscheiden. Vor der Verfolgung schützt sie aber auch das nicht. Man sieht in den ländlichen Gegenden der USA sehr oft Greifvögel, die an einem Vogel rupfend, blau-weiße Federn aus dem Schnabel in die Luft schütteln.

Grünhäher

Cyanocorax yncas

Green Jay
Geai vert

Sie genießen einen guten Ruf, auch als sehr genaue Menschenbeobachter. *»Die kennen dich, bevor Du sie überhaupt gesehen hast«*, sagte Roy Rodriguez, ein mexikanischer Ornithologe, der in Texas lebt, in Bentsen. Bentsen ist eines der sogenannten World Birding Center, ausgewiesene Schutzgebiete, im landwirtschaftlich durchindustrialisierten Süden von Texas, direkt am Rio Grande gelegen. Das Lower Rio Grande Valley ist einer der Hot Spots der Artenvielfalt, in den letzten Jahren sind dort 522 Vogelarten beobachtet worden, und die Grünhäher gehören zu den markantesten unter ihnen. Sie zählen zu den Blauraben (*Cyanocorax*), einer Gattung der Krähenvögel, die in siebzehn Arten in der Neuen Welt vorkommt. Die Grünhäher gehören mit einer Länge von um die siebenundzwanzig Zentimeter zu den kleinsten und farbenprächtigsten unter den Blauraben. Ihr Gefieder schimmert in der Sonne am Körper gelbgrünlich und geht am Kopf und am Schwanz in verschiedene Blautöne über. Die geselligen und selten leisen Häher gehen in Trupps von drei, vier, manchmal sechs Individuen durch die lichten, feuchten Wälder mit dichtem Gebüschunterholz auf Nahrungssuche nach Käfern, Regenwürmern, Echsen, kleineren Vögeln, Samen, Beeren und Früchten. Dabei scheint es so, als ob die Häher ständig miteinander in den verschiedensten Lautstärken und Tönen reden. Der häufigste Ruf ist ein kratzendes *»cheh-cheh-cheh«*, sie imitieren aber auch alle möglichen Töne aus der Umwelt und können ihre Rufe zu querulatorischem Gezeter steigern.

Braunhäher
Psilorhinus morio

Brown Jay
Geai enfumé

In der Nähe von Oaxaca de Juárez, der Hauptstadt der mexikanischen Provinz Oaxaca, konnte man einige der Eigenheiten der Braunhäher sehr gut beobachten. Die am ganzen Körper rußig braunen bis zu vierundvierzig Zentimeter langen Vögel leben in Trupps von fünf bis vierundzwanzig Individuen. Der von mir beobachtete bestand aus neun. Die Trupps sind erweiterte Familienverbände und bestehen aus Altvögeln, Jungen und noch nicht geschlechtsreifen Erwachsenen, die man alle gut am Schnabel unterscheiden kann. Bei den Alten ist der Schnabel schwarz, bei den Jungen gelb, dazwischen gibt es gelbschwarze Übergangsstadien. Jeden Morgen, etwa eine Stunde vor Sonnenaufgang, beginnen die Hähertrupps ihre Nahrungssuche mit einer bestimmten Zeremonie. Die Vögel verfallen dann zuerst in einen Chor aus schreienden Stimmen, die aus der Dunkelheit zu explodieren scheinen, und flattern dann aufgeregt in Baumkronen, um sich, weiter rufend, aufgeplustert neu zu versammeln. So eingestimmt jagen sie dann in der niederen Vegetation nach Insekten oder deren Larven im verrottenden Holz oder am Boden. Braunhäher bevorzugen Biotope in der Nähe von Plantagen oder Feldern, das Waldesinnere meiden sie. Ihre Jungen ziehen die Trupps gemeinsam auf, die Jüngeren werden dabei zu Helfern am Nest des Brutpaares. In manchen Fällen legen aber auch mehrere Weibchen ihre Eier gemeinsam in ein Nest und bebrüten es im Kollektiv.

Langschwanzhäher

Calocitta formosa

White-throated Magpie-Jay

Geai à face blanche

Langschwanzhäher sind in mehrerer Hinsicht Vögel des Übergangs. Der englische Name *Magpie-Jay*, also Elster-Häher, deutet es an. Ihr langer blauer Schwanz, mit fein abgestuften, weißen Federspitzen an den Enden, erinnert an europäische Elstern, ihre Lebensweise ist dagegen die der Häher der Neuen Welt. Sie leben in Familienverbänden von fünf bis zehn Vögeln, bevorzugt in offenen tropischen oder subtropischen Trockenwäldern oder in Tieflandfeuchtwäldern. Sie kommen aber auch auf Heideflächen, Ackerland oder Plantagen vor. In der mexikanischen Chiapas suchen sie zum Beispiel auch die Nähe von Farmen oder Restaurants auf dem Land. Auch wenn sie noch nicht wie europäische Elstern in die Städte gezogen sind, können sie sehr zutraulich und sogar frech werden. In Chiapas konnte ich beobachten, wie sie auf der Terrasse eines Restaurants die Reste eines Essens vollständig mitsamt dem Brotkorb abräumten, nachdem die Gäste gegangen waren. Dabei wirken sie im ersten Moment, wenn sie im Elstergang mit ihrer nach vorn gebogenen schwarz-weißen Federhaube auf einen zukommen, eher putzig und nicht wie geschickte Diebe. Und wenn man sie nur hört, ohne sie zu sehen, glaubt man einen Trupp Papageien zu hören. Ihr Lautrepertoire ist reich und umfasst raue Schreie ebenso wie schnarchend-sägende Passagen, die an Froschgesänge erinnern. Es gibt aber auch melodische Parts in ihren Gesängen, die man als flüssig beschreiben kann, als Wassermusik.

Eichelhäher

Garrulus glandarius

Eurasian Jay
Geai des chênes

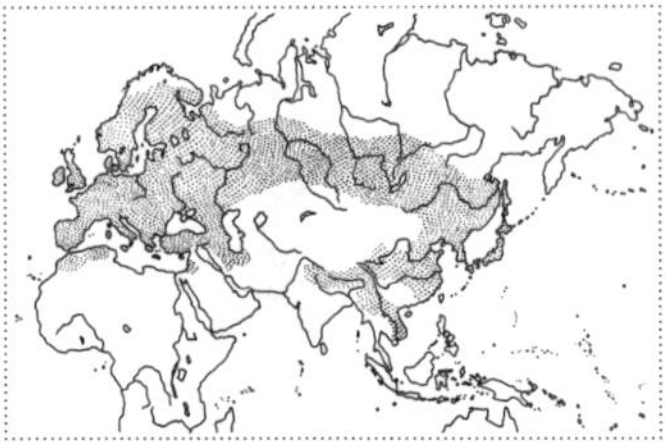

Die taubengroßen Häher mit dem gerade angeschnittenen Schwanz, den breiten, runden Flügeln und ihrem kräftigen Schnabel können bei Erregung ihre Kopffedern zu einer Haube aufstellen. Dadurch sehen sie, wenn sie von der Balkonbrüstung ins Zimmer schauen, aber nicht gefährlich aus, sondern wach und aufmerksam. Das sind sie auch, und deshalb nannte man sie früher *»die Polizisten des Waldes«*. Mit ihrem lauten Warnruf, der wie ein zweimal hintereinander gerufenes *»schräit«* oder *»rätch«* klingt, warnten sie nicht nur sich selbst, sondern auch andere Tiere wie Meisen, Finken oder Tauben vor Gefahren wie Katzen oder Habichten. Heute, da sie in ihrem riesigen Verbreitungsgebiet von Nordwestafrika bis nach Japan und Nord-Indochina auch in die Städte gezogen sind, warnen sie eher in Hinterhöfen oder Parks als im Wald. Eichelhäher leben paarweise in Brutrevieren oder als Einzelgänger. In den Paaren sind die Männchen in der Lage, die aktuellen Futtervorlieben der Weibchen zu ermitteln, ohne dass die Weibchen ihnen ihre Laune mitgeteilt hätten. Die Männchen erleben ihre Partnerin als Wesen mit einem eigenen inneren Leben mit wechselnden Stimmungen. Günstige Reviere besetzen die Paare über das ganze Jahr und bleiben, wenn ihnen nichts passiert, mehrere Jahre standorttreu. Im Herbst beginnen sie damit, Eicheln und andere Samen in großen Mengen zu sammeln und an allen möglichen Orten, von Blumentöpfen bis zu Dachziegeln, zu verstecken. Eine Studie in Großbritannien fand heraus, dass fünf Häher in einem Herbst 200 000 Eicheln versteckt hatten.

Tannenhäher
Nucifraga caryocatactes

Spotted Nutcracker
Cassenoix moucheté

Tannenhäher sind nur etwas größer als Eichelhäher, ihr Schwanz ist deutlich kürzer und der kopflange Schnabel länger und kräftiger. In Mitteleuropa kommen Tannenhäher vor allem in den Mittelgebirgslandschaften wie den Alpen, dem Massif Central, dem Jura, den Vogesen und dem Schwarzwald vor. Die Vögel leben paarweise und ganzjährig in ihren Revieren und ernähren sich hauptsächlich von Kiefernzapfen oder Haselnüssen. Wenn man länger in einem Wald zu tun hat, in dem Tannenhäher leben, kommt man an ihnen nicht vorbei. Ihr schnarrender, harter Erregungsruf – *»krärr-krärr«* – ist sehr laut und dringt bis ins Mark. Dazu stürzen sie sich noch sehr gern mit angelegten Flügeln in hohem Tempo an Abhängen talwärts, um dann sehr kurz und sehr abrupt vor einer Baumkrone zu bremsen und zu landen. Das sieht besonders dann gefährlich aus, wenn sie vorher ihren Kehlsack mit bis zu hundert gesammelten Zirbelkiefersamen gefüllt haben, um sie später zu verstecken. Mit den Zirbelkiefern leben die Häher in einer Art Symbiose. Weil die Samen schwer sind und keine Flughilfe haben, sind sie auf die Verbreitung durch die Häher angewiesen. Die Häher öffnen die Samen entweder sofort oder tragen sie in Vertiefungen an Baumstämmen oder Astgabeln, wo sie sie einklemmen, um sie mit dem Schnabel zu bearbeiten. Im Herbst verstecken sie sie in großer Zahl in der Erde oder in Felsblöcken und finden die Verstecke selbst im Winter durch über einen Meter hohe Schneedecken.

Wanderbaumelster
Dendrocitta vagabunda

Rufous Treepie
Témia vagabonde

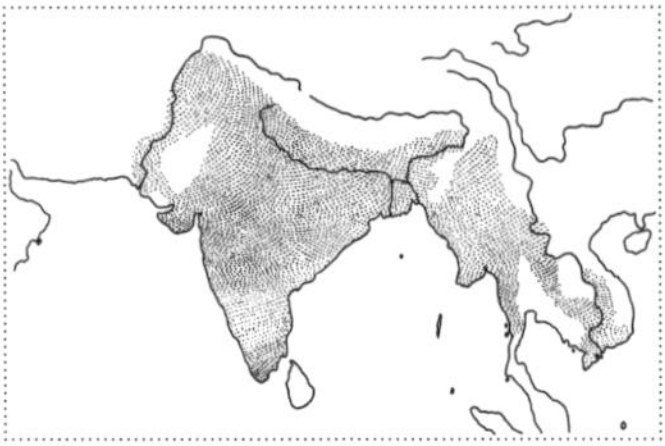

Wahrscheinlich war es einfach Glück, dass mir in einem Vorort von Phnom Penh tatsächlich ein Wanderbaumelsternpaar über den Weg flog. Es ist zwar nicht selten, dass die Baumelstern auch in Städte wandern. Ornithologen erwarten ihre an die europäischen Elstern erinnernden Geschacker- und Geschecke-Rufe aber eher in indischen Landgegenden und Parklandschaften als in dem vogelarmen Kambodscha, in dem die Verwüstungen des Vietnamkriegs und Roten Khmer auch die Vogelwelt nachhaltig dezimiert haben. Wanderbaumelstern werden bis zu fünfzig Zentimeter lang, und auch der lange, schlanke Schwanz kann nicht verhindern, dass ihr Körper gedrungen und kompakt wirkt. Das gilt besonders, wenn sie versuchen, auf dem Boden zu laufen oder zu hüpfen. Sie sind trotz des Namens keine Zugvögel. In lebenslang zusammenbleibenden Paaren leben sie vorrangig in Bäumen. In Bäumen schlafen sie, bauen ihre Nester und suchen ihre Nahrung, vor allem Früchte wie Papayas und Feigen, Beeren und kleinere Tiere, in Städten wühlen sie auch in Abfällen. Die schöne braun-weiß-schwarze Bänderung ihrer Flügel ist im Flug auffällig und gut zu sehen, weil sie wellenförmig immer in Bodennähe auf Menschenaugenhöhe fliegen. Wenn sie es zulassen, dass man ihnen sehr nahe kommt, kann man eine wirkliche Überraschung erleben. Dann singen nämlich die Männchen den Weibchen sehr leise, äußerst melodische, manchmal lange Lieder, die scharf mit ihrem sonstigen rauen Gezeter konstrastieren.

Elster
Pica Pica

Common Magpie
Pie bavarde

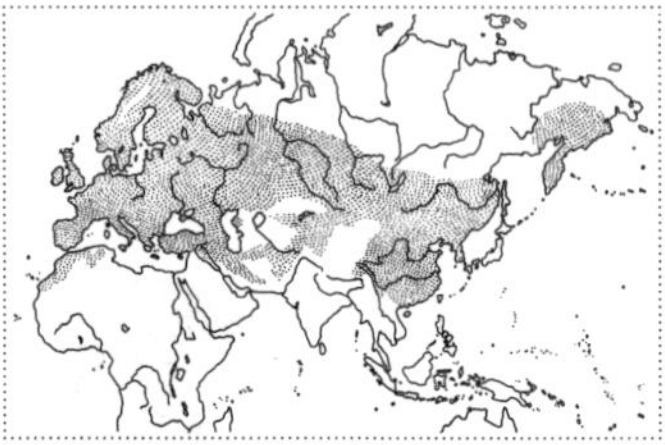

Die auffällig schwarz-weiß gefärbten Elstern mit ihrem langen, gestuft-keilförmigen Schwanz sind nicht zu übersehen. Hinzu kommt, dass sie ihre Nester weithin sichtbar in hohen Ästen bauen und mit einem Dach versehen. Dadurch bekommen sie die runde Form, die wie eine Kugel aus Zweigen aussieht. Elsternpaare schlafen während der Zeit des Nestbaus eng nebeneinander direkt bei dem Nest. Sobald das Nest dann fertig ist, schlafen sie jedoch lieber getrennt. Die Paare verteidigen ihre Reviere ganzjährig und schließen sich nur selten anderen Elstern an. Noch nicht verpaarte und nichtterritoriale Elstern bilden lockere, umherziehende Trupps von zehn bis fünfzig Individuen. Besonders vor der Brutzeit im Februar und März kommt es zu lautstarken Auseinandersetzungen zwischen Revierpaaren und den revierlosen Vögeln. Revierlose Paare können in diesen Kämpfen Revierbesitzer aggressiv vertreiben. Manchmal schaffen es Jungvögel, alte Paare abzusetzen, ohne dass sie diese unbedingt ganz verjagen müssen. Die Alten bleiben dann an den Rändern und begnügen sich mit den Resten des Reviers. Eine sanftere Variante der Revierübernahme besteht darin, zwischen zwei etablierten Revieren ein kleineres zu gründen und es dann Stück für Stück in die bereits existierenden auszudehnen. Auch wegen dieser dauernden Bedrängnis der Brutpaare durch die Nichtbrüter schaffen es nur gut harmonierende Paare, ihre Reviere zu erhalten. Deshalb verwenden Elstern sehr viel Zeit auf die Pflege ihre Paarbeziehungen.

Alpenkrähe

Pyrrhocorax pyrrhocorax

Red-billed Chough
Crave à bec rouge

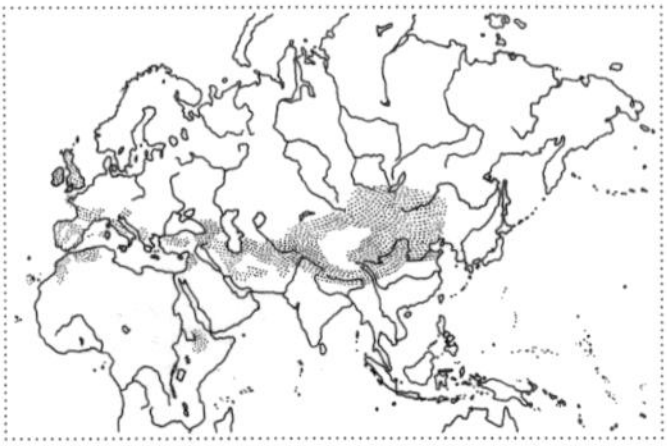

Alpenkrähen fallen unter den Krähen durch ihren roten Schnabel und die roten Beine auf. Erwachsene Alpenkrähen haben einen gebogenen schlanken, zwischen Orangerot und Scharlachrot changierenden Schnabel, der länger als der Kopf ist. Ihre Beine und Füße leuchten. Ihre Populationen verteilen sich auf zwei Lebensräume. Die einen leben an Küstenklippen in Irland, Großbritannien, auf den kanarischen Inseln und in Nordwest-Spanien. Die anderen Populationen besiedeln Hochgebirgsregionen von den Alpen bis in den Himalaya. In beiden Lebensräumen suchen Alpenkrähen bevorzugt am Boden nach Nahrung, und wie sie das machen, kann man sehr gut an britischen Stränden beobachten. Sie gehen dabei ziemlich schnell und wenden hier einen Stein oder woanders angewehtes Laub. Im weichen Boden suchen sie mit ruckartigen Schnabelbewegungen oder Hacken, Zirkeln und Graben nach Nahrung. Sie ernähren sich fast ausschließlich von bodenlebenden Insekten wie Käfern, Ameisen, Fliegen und Larven, Spinnen oder Tausendfüßlern. Aas und Abfälle rühren sie nur ausnahmsweise an. Da Alpenkrähen sich das ganze Jahr über zu lockeren Nahrungssuchtrupps zusammenschließen, kann man verpaarte Brüter von Nicht-Brütern in den Trupps nicht unbedingt unterscheiden. Feste Paare kann man aber daran erkennen, dass sie sich gegenseitig immer wieder füttern. Bei Alpenkrähen ist es immer das Männchen, das das Weibchen füttert.

Alpendohle

Pyrrhocorax graculus

Yellow-billed Chough
Chocard à bec jaune

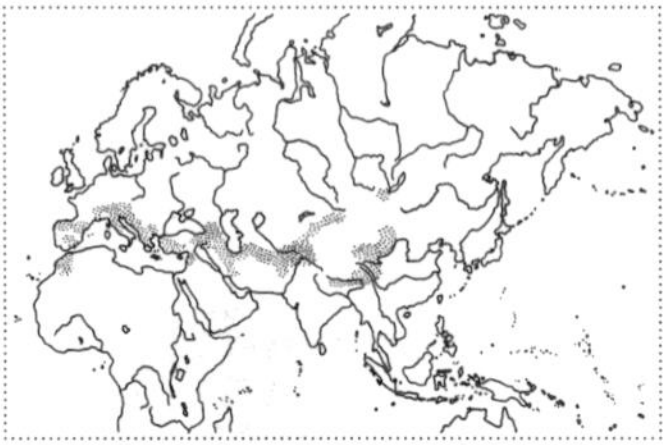

Alpendohlen sind in etwa genauso groß wie Alpenkrähen. Allerdings ist ihr Schnabel kürzer als der Kopf, nur wenig gebogen und auffällig gelb. Die Füße und Beine sind orange bis hellrot. Da sich aber Alpenkrähen und Alpendohlen zu gemischten Paaren zusammenschließen können und auch Nachkommen zur Welt bringen, sind die Unterscheidungen nicht immer sicher. Allgemein gilt, dass die Tagesrhythmik der Alpendohlen wesentlich mehr von Luftströmungen und dem Nahrungsangebot abhängt. Alpendohlen ernähren sich auch von Aas, von abgestürzten Gämsen und Abfällen aller Art. Dabei passen sie ihre Tagesrhythmen stark den Menschen an. An Schulen zum Beispiel tauchen sie während der Schulpausen auf, wenn die Möglichkeit, sich an weggeworfenen Schulbroten satt zu essen, gegeben ist. Rast- und Picknickplätze in den Alpen suchen sie besonders in verkehrsreichen Zeiten auf. Sie lassen sich auch füttern und können dabei streichelzootierzahm werden. Ihre Nistplätze suchen sie aber immer noch in unzugänglichen Felswänden in Spalten oder Höhlen, Mauerlöchern von Ruinen oder in Kirchtürmen oder Seilbahnstationen. Ihre Nester behalten sie über Jahre, wie auch ihre ›Ehen‹ dauerhaft sein und manchmal bis zu acht Jahren anhalten können. Partnerwechsel wurden nur sehr selten beobachtet. Wenn doch, waren es immer futtertragende Männchen, die die Weibchen zum Partnerwechsel veranlassten. Das Futtergeschenk garnieren sie in der Regel noch mit ihrem sehr leisen Gesang, der wie ein variables Schwätzen in einlullenden Tönen klingt.

Dohle

Corvus monedula

Eurasian Jackdaw
Choucas des tours

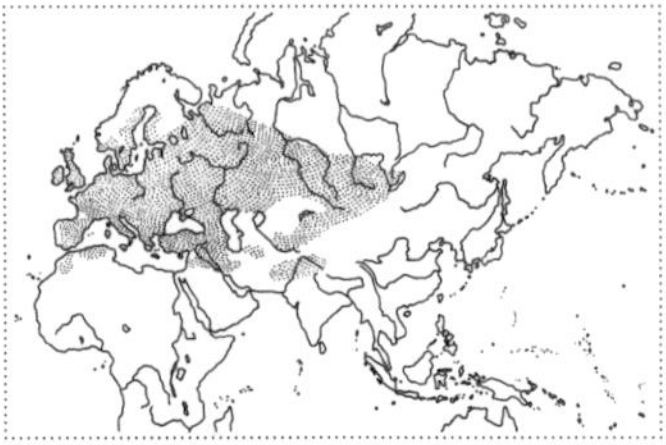

Man kann Dohlen mittlerweile bei ihren ausgeklügelten Windspielen in vielen Städten beobachten. In Berlin im Herbst, Winter und manchmal bis ins späte Frühjahr am Berliner Dom. Und in Potsdam kann man sie das ganze Jahr über auf den Grünflächen und auch auf Verkehrsinseln schlendern sehen. Die hochsozialen Dohlen sind selten allein. Ihr Kopf ist deutlich dicker als der der Alpendohle. Ihr Nacken und die Halsseiten sind hellgrau vom ansonsten schwarzen Körper abgesetzt. Der häufigste Ruf der Dohlen, ein helles, klares *»kjak«* oder *»kja«*, den sie in verschiedensten Varianten dehnen oder stauchen, klingt noch im grauen Berliner Winter frisch und verspielt und hat wenig mit dem melancholisch stimmenden *»krah«*-Rufen von Saat- und Nebelkrähen gemein. Man kann die hellen Dohlenrufe immer wieder aus den riesigen, himmelverdunkelnden Winterschwärmen tausender Saatkrähen heraushören. Dohlen vergesellschaften sich gern mit Saatkrähen. Ihre Geselligkeit ist allerdings nicht frei von hierarchisierenden Tendenzen und oft von einer starken Konkurrenz z. B. um die Nistplätze geprägt. Ihren Nistplatz wählen beide Partner zusammen in Höhlen, Löchern oder Nischen an Lehm- oder Felswänden, in Ruinen, Kirchen oder Stahlkonstruktionen von Brücken. Dohlen brüten in Kolonien dicht an dicht oder einzeln. Letzteres besonders dann, wenn sie ihre Nester in Bäumen bauen. Während das Weibchen die Eier bebrütet, wird es vom Männchen gefüttert, bis die drei oder vier Küken schlüpfen, die dann beide zusammen versorgen.

Saatkrähe
Corvus frugilegus

Rook
Corbeau freux

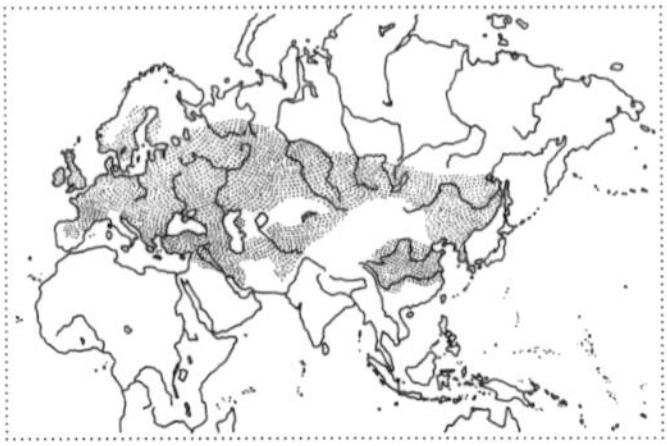

Die letzten Schlagzeilen über Krähen betrafen im Herbst 2011 das undichte Dach des damals gerade erst fünf Jahre alten Berliner Hauptbahnhofs. Immer wenn es regnete, tropfte Wasser durch das Dach in den Innenraum des Bahnhofs und hinterließ kleine Wasserlachen. Schuld daran, da waren sich alle Berichte einig, traf die Krähen, die entdeckt hatten, dass sie die Dichtungen auf dem Dach lockern und mit ihnen spielen können. Bei den Krähen handelte es sich um Saatkrähen, die jeden Herbst aus Polen und den riesigen Weiten der russischen Ebene zu zehntausenden in den Westen ziehen und z. B. in Berlin ihre Wintermonate verbringen. Die nördlichen und östlichen Populationen der Saatkrähen sind klassische Zugvögel, hierzulande bezeichnet man sie deshalb auch als Winterkrähen. Dagegen sind die westlichen und südlichen Populationen Standvögel. Saatkrähen sind ganzjährig gesellig und brüten in Kolonien, die riesige Ausmaße annehmen können und aus bis zu 25 000 Nestern bestehen. Im Unterschied zu den grauschwarzen Nebelkrähen sind Saatkrähen tief schwarz gefärbt mit einem je nach Lichteinfall intensiveren blauen beziehungsweise purpurfarbenen Metallschimmer als die Raben- und Nebelkrähen. Dazu tragen sie buschige ›Federhosen‹ um die Beine, die ihnen, wenn sie im Krähengang über Parkgrün oder Rathausplätze schreiten, etwas würdevoll Verschlagenes verleihen. Auffällig ist auch ihr unbefiederter, hellgrauer Schnabelgrund.

Rabenkrähe

Corvus corone

Carrion Crow
Corneille noire

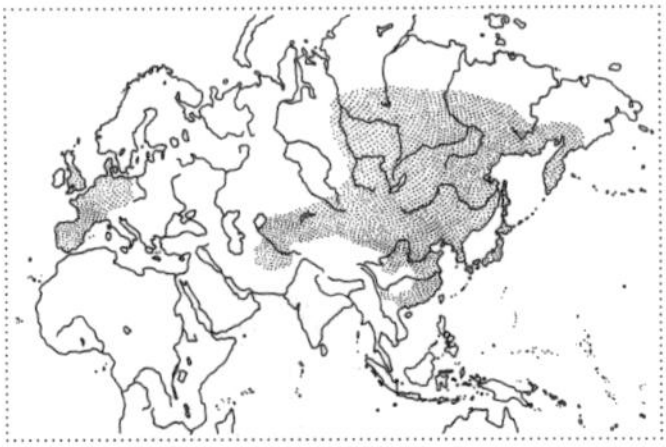

Die glänzend schwarzen Rabenkrähen leben in festen Paaren in halboffenen Landschaften mit Bäumen an Alleen, Waldrändern oder in Städten in Parks und auf Straßenbäumen. Ihr auffälligster Ruf ist ein oft mit Pausen zwei- bis sechsmal wiederholtes *»kräh«*, *»krah«* oder *»krarr«*. Der Ruf ist überall, wo sie vorkommen, so deutlich vernehmbar, dass er allgemein als der ›Krähenruf‹ gedeutet wird. Wer z. B. im Englischen Garten in München schon einmal einer Revierkrähe zu nahe gekommen ist, kann den Ruf in Verbindung mit einer charakteristischen Geste vernehmen: Zwischen rauen und volltönenden Rufen streckt die Krähe mit gesträubten Kehlfedern den Kopf vor, senkt ihn und wirft ihn dann hoch. Dabei hebt sie die Flügel leicht an. Die Geste ist eine Mischung aus Imponieren und Drohen, muss aber keine Angst machen, weil nur sehr selbstbewusste Revierkrähen sie gegenüber Menschen in umittelbarer Nähe äußern und dabei, zumindest im Englischen Garten in München, davon ausgehen können, dass die Menschen nicht zurückschießen, sondern weitergehen. Rabenkrähen sind Allesfresser und haben unterschiedliche Techniken des Nahrungserwerbs entwickelt. Mit Muscheln fliegen sie ein paar Meter hoch und lassen diese dann auf steinigen Grund fallen, bis sie aufgebrochen sind. In der Nähe von Landstraßen und Autobahnen patrouillieren sie paarweise an den Straßenrändern auf der Suche nach überfahrenen Tieren.

Nebelkrähe
Corvus cornix

Hooded Crow
Corneille mantelée

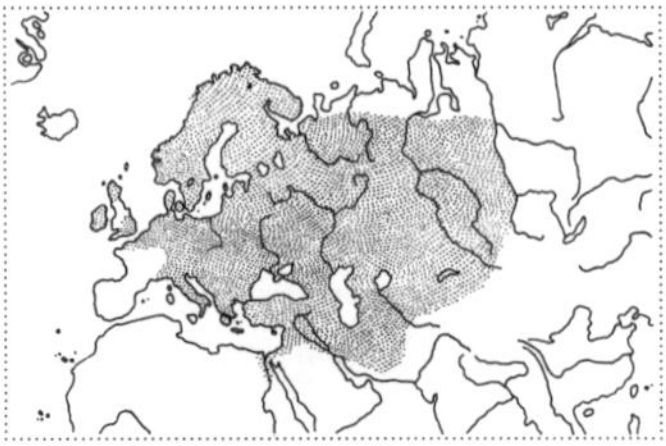

Die grau-schwarze Nebelkrähe ähnelt in vielem der Rabenkrähe. In Deutschland sind die beiden Arten vor allem räumlich getrennt. Während die Rabenkrähen den Westen und Süden bevölkern, leben die Nebelkrähen im Osten und Norden, wobei sich die Verbreitungsgebiete der beiden Arten in Schleswig-Holstein und Mecklenburg-Vorpommern überschneiden. Entscheidend für ihre Verbreitung ist aber, dass es Nebelkrähen in Berlin und Rabenkrähen in München gibt und daran wird auch der zunehmende Einfall von Süddeutschen in Berlin nichts ändern. Unterschiede gibt es aber dennoch zwischen den beiden Formen. So sind die »*krah*«-Krähenrufe der Nebelkrähen heller, metallischer und weniger heiser als die der Rabenkrähe. Auch scheinen bei vielen Rufen, die gleich klingen, Bedeutungsverschiebungen stattgefunden zu haben, die die Verständigung zwischen Nebel- und Rabenkrähen nicht immer leicht bzw. überhaupt möglich machen. Die grundlegende Sozialstruktur bleibt aber gleich. Auch Nebelkrähen leben paarweise in festen Revieren. Daneben gibt es lockere Verbände von unverpaarten Krähen, die teilweise von den Revierkrähen in ihren Revieren geduldet werden. Paare sind deshalb, anders als bei Elstern, selten nur zu zweit. Zur Abwehr von auch in Städten zunehmenden Feinden wie Füchsen und Habichten ist die Anwesenheit weiterer Krähen hilfreich. Nebelkrähen sind verspielt. Kürzlich konnte ich beobachten, wie sie auf einem abschüssigen Dach herunterrutschten und wieder hochflogen, um noch einmal herunterzurutschen.

Floreskrähe
Corvus florensis

Flores Crow
Corneille de Florès

Für Birder, also alle möglichen Vogelfreunde, ist es eine Sensation, eine Floreskrähe gesehen und bestimmt zu haben. So freute auch ich mich im Wolo Tadho Naturreservat auf Flores, eine Krähe gesehen und gehört zu haben. Die Freude hatte aber nichts Heroisches. Floreskrähen gelten als vom Aussterben bedroht, sind äußerst selten und wissenschaftlich so unerforscht, dass es nicht einmal verlässliche Auskünfte über ihre Ernährungsweise gibt. Wahrscheinlich ernähren sich die kleinen, vierzig Zentimeter langen Krähen von Früchten und kleinen Eidechsen. Diese spezielle Art der Krähen gibt es nur auf Flores und dort nur im dichten tropischen Regenwald, was auch der Grund für ihre Gefährdung ist. Sie haben die Wälder nie verlassen und vermögen offensichtlich im Kulturland nicht zu überleben. Damit kommen sie der Lebensweise der vermuteten Urkrähe nahe. Gleichzeitig ist das auch ihr Problem. Die Regenwälder werden auf Flores genauso abgeholzt wie überall sonst, nicht nur in Indonesien. Aber zumindest gab es noch diese wenigen Krähen im Wald und die riefen sehr klar und sehr hoch im Krähenrhythmus *»cwaaa-cwaaa«* dreimal hintereinander, drückten dabei den Schwanz nach unten und warfen daraufhin den Kopf nach oben, um noch einmal in ein hohes, weiches *»waaaak«* zu verfallen und sich zu schütteln, als ob sie nass wären. Dabei wirkten die Rufe und die Bewegungen wie Spuren aus einer vergangenen Zeit, die sich bei den Land- und Stadtkrähen zu Lautstärke und Rauheit verdichtet hatten.

Neukaledoniakrähe

Corvus moneduloides

New Caledonian Crow
Corbeau calédonien

Neukaledoniakrähen, auch Geradschnabelkrähen genannt, gibt es nur in Neukaledonien, einer Inselgruppe, die im Südpazifik vor der australischen Nordostküste liegt. Wie die Floreskrähen sind diese Krähen ursprüngliche Waldbewohner. Sie kommen jedoch wesentlich besser mit den veränderten Bedingungen in Kulturlandschaften zurecht. In Neukaledonien leben sie auch in der Nähe von Plantagen und ziehen in die Städte. Sie ernähren sich von Insekten, Früchten, Nüssen, Samen, kleinen Vögeln, Eiern, Schnecken und Aas. Dabei haben sie ausgeklügelte Jagdmethoden entwickelt. So jagen sie zu viert oder fünft Insekten, indem eine Krähe durch das Gras schreitet und die anderen die aufgescheuchten Insekten in der Luft abfangen. Um an unter Rinden oder in morschen Baumstämmen versteckte Larven zu gelangen, befreien die Krähen Äste von ihren Blättern, nehmen sie in den Schnabel und stochern damit im Holz nach den Larven. Da sie immer in kleinen Gruppen von vier bis zehn Individuen auf Nahrungssuche gehen, verbreiten sich die Techniken in den lokalen Populationen von Generation zu Generation. Dadurch entstehen regelrechte Traditionen, die untereinander variieren können. Der experimentelle Nachweis der Fähigkeit der Krähen zur Werkzeugherstellung im Labor des Oxforder Biologen Alex Kacelnik hat zwei der Neukaledoniakrähen, Betty und Abel, weltberühmt gemacht. Vollkommen zu Recht, denn nichts ist besser geeignet, den primatenzentrierten Anthropomorphismus der neueren Biologie zu zerstören, als Nachrichten über schlaue Krähen.

Schildrabe
Corvus albus

Pied Crow
Corbeau pie

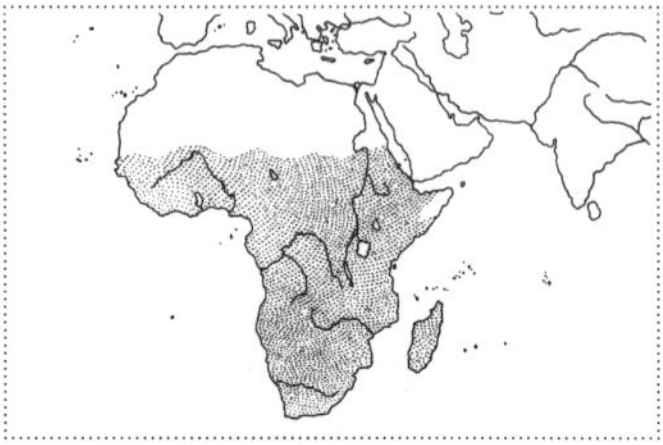

Der etwa fünfundvierzig Zentimeter lange Schildrabe, mit dem charakteristisch von der schwarzen Grundfarbe abgesetzten weißen Nacken und der weißen Brust, ist die am weitesten verbreitete Krähe Afrikas. Der weiße Nacken ist es auch, der sie am Tafelberg bei Kapstadt unverkennbar macht. Schildraben gehören zum Tafelberg wie der Erzrabe zu Äthiopien. Wann immer es die Thermik erlaubt, segeln sie in den Aufwinden um den Berg und zeigen, dass sie ausgezeichnete Flieger sind. Ihr typischer Ruf ist ein tiefes, gutturales *»kraaak«*, das man vom Kolkrabenruf nicht unterscheiden kann. Schildraben segeln aber nicht nur am Tafelberg, sie kontrollieren auch die Straßen Südafrikas. Oft in Begleitung von Schwarzmilanen und Marabus, Storchenvögel mit einem fast federlosen zerzausten Kopf, haben sie sich in manchen Teilen Afrikas fast ausschließlich auf Aas spezialisiert. Nur in der Zeit der Jungenaufzucht, in der sie wie alle Singvögel die Jungen mit Insekten ernähren müssen, jagen sie vorrangig nach Käfern, Termiten und Heuschrecken. Schildrabenpaare bauen ihre Nester einzeln in Bäumen, möglichst weit entfernt von anderen Paaren. Die vier bis fünf Eier bebrüten beide Geschlechter. Die Nester werden in Afrika von Häherkuckucken (*Clamator glandarius*) parasitiert. Häherkuckucke haben sich auf Rabenvögel spezialisiert, in Spanien legen sie ihre Eier in Elsternester. Die Jungen werfen, anders als der bekannte Kuckuck, ihre Stiefgeschwister nicht aus dem Nest, sondern wachsen mit ihnen heran, indem sie die Bettelrufe der jungen Rabenvögel imitieren.

Erzrabe
Corvus crassirostris

Thick-billed Raven
Corbeau corbivau

Die bis zu fünfundsechzig Zentimeter langen, kräftigen Erzraben mit dem überproportional dicken Schnabel mit einem gewölbten nach oben spitz zulaufenden Schnabelrücken kommen nur in Äthiopien und Eritrea vor. Zu den besten Orten, um die großen Raben zu beobachten, zählen die Vororte und umgebenden Berge der äthiopischen Hauptstadt Addis Abeba. Wenn man sie dort allerdings um die Mittagszeit, in großer Zahl unter Bäumen im Schatten sitzend, antrifft, kann das unheimlich wirken. Zumal sie wenig Anstalten machen, auf einen menschlichen Beobachter zu reagieren, was bei der Hitze auch verständlich ist. Und wenn sie dann, wenn man ihnen doch zu nahe gekommen ist, anfangen, in einem anschwellenden Chor wie Schweine zu grunzen, ist das erschreckend. Man glaubt es erst nicht, aber es ist so: Erzraben können grunzen wie Schweine, so ein »*grrroaarr*«, das dann auch noch übergeht in ein lachendes »*harr-hrrr*« Husten. Jedenfalls wundert man sich, wenn man sie einmal gehört hat, nicht mehr, dass sie überall als furchtlos gegenüber Menschen beschrieben werden. In Äthiopien sind sie zudem als Aasfresser und Stadtreiniger hochwillkommen und werden geschätzt wie die Geier. Neben Geiern saßen sie denn auch sehr vertraut auf dem benachbarten Dach zum Rimbaud-Haus in Harar im Osten Äthiopiens. Was irgendwie passend war, aber auch die Frage nicht verdrängen konnte, wie sie mit diesem dicken Schnabel Insekten fangen können.

Amerikanerkrähe
Corvus brachyrhynchos

American Crow
Corneille d'Amérique

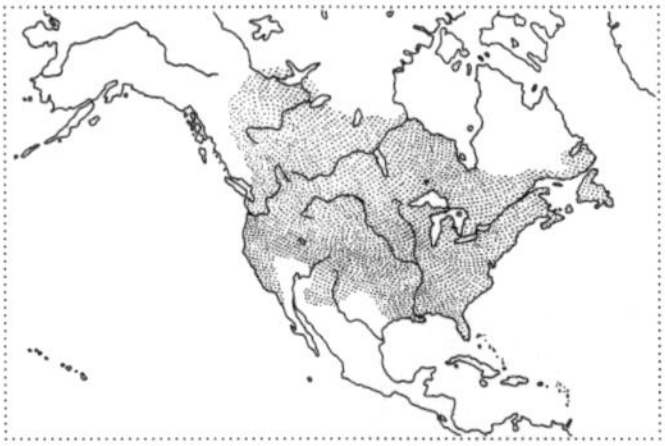

Die Amerikanerkrähe kommt vom Süden Kanadas abwärts in ganz Nordamerika vor. Von den ersten Autoren des Nature writing in Amerika als Bewohner offener Laubwälder beschrieben, hat die Krähe ihre Lebensräume in alle von Menschen geschaffenen Biotope ausgedehnt. In schrumpfenden Städten wie Detroit sollen die Krähen ihre Nester auch auf Häusern bauen, was eine neue Form der Nutzung von Menschendingen durch diese Krähen wäre, die sich bisher immer an Bäume gehalten haben. Ihr Lautrepertoire ist unter Krähen am besten untersucht und hat ein weites Spektrum. Amerikanerkrähen verfügen über mehr als dreißig verschiedene Laute, die sie frei kombinieren können und in den verschiedensten Kontexten, als Alarm-, Kontakt-, Distanz- oder als Futterrufe einsetzen. Hinzu kommen Imitationen von natürlichen und menschengemachten Lauten, die sie in ihre Gesänge und ihre Ruffolgen einbauen. Sie lernen offensichtlich sehr gruppenbezogen von ihren unmittelbaren Nachbarn, sodass über Nordamerika mehrere Dialekte unter den Krähen entstanden sind. So vielfältig ihre Lautäußerungen sind, so variabel ist auch ihr Sozialsystem. Amerikanerkrähen leben in festen, langanhaltenden Paarungen, sie können aber auch zu kooperativen Brütern werden. Dabei unterstützen ein, zwei oder auch drei andere Krähen das Brutpaar, sie werden zu Helfern am Nest und ziehen die Jungen mit den eigentlichen Eltern groß.

Kolkrabe

Corvus corax

Common Raven
Grand Corbeau

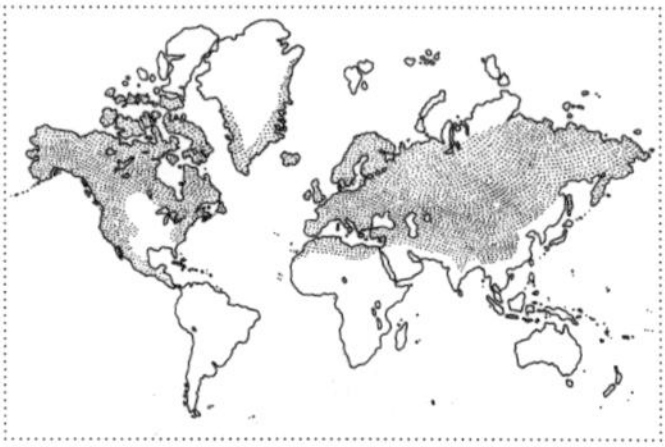

Der Virologe Lawrence Kilham, der das beste Buch über Amerikanerkrähen geschrieben hat, wurde einst von einem Kolkraben zum Krähenpazifisten erzogen. Auf Island hatte Kilham versucht, einen Raben abzuschießen, ihn aber nur mit einem Streifschuss erwischt, sodass der Vogel nur ein paar Federn ließ. Als der Rabe dann bemerkte, dass Kilham sein Gewehr nicht nachlud, flog er auf Kilham zu und warf ihm aus der Luft die Reste der Preiselbeeren auf den Kopf, an denen er gerade gefressen hatte. Für Kilham stand danach fest, dass Kolkraben Humor haben, und er stellte ihnen deshalb auch nicht mehr jagend nach. Ein Fall, der ruhig Schule machen sollte, denn Kolkraben kommen, auch wenn sie über fast die gesamte Nordhalbkugel verbreitet sind, nirgendwo häufig vor. Das hängt auch mit der gnadenlosen Verfolgung zusammen, der die Raben ausgesetzt waren und teilweise noch sind. Dabei hat ihnen ihre Intelligenz, die ihnen alle Beobachter zuschreiben, nie genützt. Im Gegenteil: Man verfolgte sie auch, weil sie so intelligent sein sollen. Vielleicht sollte man deshalb nicht immer neue Beschreibungen ihrer Intelligenz verfassen, sondern sie einfach nur beobachten, wenn sie, zum Beispiel Aufwinde nutzend, über dem Spandauer Forst in Berlin kreisen und von Zeit zu Zeit, wenn ein Bussard vorbeikommt, diesen attackieren, um ihren Luftraum frei zu halten. Das sollte man ihnen gönnen, denn kaum ein Vogel kann so schön segeln wie ein Kolkrabe.

Kleine Literaturliste

Marcel Beyer: ***Kaltenburg.*** **Roman. Suhrkamp, Frankfurt am Main 2008.**
Beyers Roman liefert, unter den Augen der Krähen geschrieben, eine brillante Geschichte der frühen Verhaltensforschung im noch geteilten Deutschland. Der Krähenroman schlechthin.

Handbook of the Birds of the World, Vol. 14, Bush-Shrikes to Old World Sparrows. **Hrsg.: Josep del Hoyo, Andrew Elliot & David Christie. Lynx Edicions, Barcelona 2009.**
Dieses Handbuch ist die bisher vollständigste Enzyklopädie zu den über 9 000 lebenden Vogelarten und auch für die Beschäftigung mit Krähen ein unverzichtbares Grundlagenwerk.

Handbuch der Vögel Mitteleuropas. Band 13/III Passeriformes: Corvidae – Sturnidae. **Hrsg.: Urs N. Glutz von Blotzheim und Kurt M. Bauer. Aula Verlag, Wiesbaden 1993.**
Das Handbuch ist mit seinem Fakten- und Detailreichtum über Verhalten, Ökologie und Biogeographie der einheimischen Krähen das Standardwerk.

Bernd Heinrich: ***Die Seele der Raben*** **[*Ravens in Winter*, 1991]. S. Fischer Verlag, Frankfurt am Main 1994.**
Das beste Buch über den Kolkraben. Heinrich verbindet Berichte seiner eigenen Forschungen an wilden und handaufgezogenen Raben mit der Mythengeschichte der Vögel in der Tradition der amerikanischen Science Writer.

Bernd Heinrich: *Mind of the Raven.* Harper Collins, New York 1999.
Heinrichs Fortsetzung seiner Rabenforschung mit einer empirisch wie theoretisch fundierten Diskussion über das Bewusstsein der Vögel.

***Helm Identification Guides: Crows & Jays.* Hrsg.: Steve Madge und Hilary Burn. Christopher Helm A&C Black, London 1999.**
Das vollständige Bestimmungsbuch der Krähenvögel mit sehr guten Zeichnungen und kurzen Informationen über Verbreitung und Verhalten der Vögel.

Lawrence Kilham: *The American Crow and the Common Raven.* College Station, Texas A&M University Press 1989.
Ein weltweit anerkannter Virologe wird nebenbei zum privaten Krähenforscher und nutzt die Unabhängigkeit im Sinne einer wirklichen Methodenvielfalt. Großartig.

Josef H. Reichholf: *Rabenschwarze Intelligenz. Was wir von Krähen lernen können.* Herbig, München 2009.
Reichholfs Geschichte der Rabenintelligenz ist auch eine Geschichte über die Sinnlosigkeit der Bejagung der Krähen. Sie besticht mit einer luziden Argumentation gegen die Jagd auf diese Vögel.

Boria Sax: *Crow.* Reaktion Books, London 2010.
Der Literaturwissenschaftler Sax erzählt die Mythen- und Kulturgeschichte der Krähen von Mesopotamien bis ins 20. Jahrhundert. Reich bebildert, ist sein Buch ein schönes Beispiel der Animal Studies.

Abbildungs-verzeichnis

Seite 72 *King Bird of Paradise* F. Levaillant: Histoire naturelle des oiseaux de paradis et des rolliers, Tome Premier, Paris 1806.

Seite 79 *Jackdaw, Corvus monedula* J. Gould, E. Gould & E. Lear: The Birds of Europe, Vol. 3, London 1837.

Seite 95 *Crow* F. Schuyler Mathews: Field Book of Wild Birds and Their Music, London 1921.

Seite 100 *Rabenbaum* Caspar David Friedrich (1774–1840), 75 × 59 cm, Öl auf Leinwand, 1822, Paris, Musée du Louvre.

Seite 105 *Chough* W. Swaysland: Familiar wild birds, Vol. 1, London/Paris/New York 1883.

Seiten 108/109 *Weizenfeld mit Raben* Vincent van Gogh (1853–1890, 103 × 50,5 cm, Öl auf Leinwand, 1890, Amsterdam, Rijksmuseum.

Seiten 113–151 Handbook of the Birds of the World, Vol. 14, Bush-Shrikes to Old World Sparrows, edited by J. del Hoyo, A. Elliott & D. A. Christie, Barcelona 2009.

Seiten 6, 14, 18, 21, 22, 24, 28, 34, 36, 45, 51, 52, 57, 61, 62, 69, 71, 80, 85, 88, 96, 101, 111 Illustrationen von Falk Nordmann, Berlin 2013

In wenigen Fällen konnten die Rechteinhaber nicht ausfindig gemacht werden. Sollte eine Quelle nicht oder nicht vollständig angegeben sein, bittet der Verlag um Hinweise.

Cord Riechelmann, geboren 1960 in Celle, studierte Biologie und Philosophie an der Freien Universität Berlin. Er war Lehrbeauftragter für das Sozialverhalten von Primaten und arbeitete als Kolumnist und Stadtnaturreporter für die *Berliner Seiten* der FAZ. Er lebt als Publizist und Autor in Berlin.

NATURKUNDEN №1
Neunte Auflage Berlin 2026

NATURKUNDEN
herausgegeben von Judith Schalansky
erscheinen bei Matthes & Seitz Berlin
ermöglicht durch Jan Szlovak, Hamburg

EINBAND UND TYPOGRAFIE Pauline Altmann, Berlin
nach einem Entwurf von Judith Schalansky
TITELBILD Pauline Altmann, Berlin
nach einer Illustration von Joan Waltermire
SCHRIFT Ingeborg von Michael Hochleitner / Typejockeys
LITHOGRAFIE Tomas Mrazauskas, Berlin
HERSTELLUNG Hermann Zanier, Berlin
PAPIER 100 g/m² Schleipen Fly 04 hochweiß, 1,2faches Volumen
DRUCK UND BINDUNG Friedrich Pustet, Regensburg

ISBN 978-3-88221-048-4

www.naturkunden.de
www.matthes-seitz-berlin.de